高等学校计算机课程规划教材

ASP .NET 网站项目开发教程

王庆喜　储泽楠　主编
齐万华　张阳　赵浩婕　孙高飞　副主编

清华大学出版社
北京

内容简介

本书采用项目式教学模式,把 ASP.NET 技术分为 8 个项目,具体内容包括 ASP.NET 开发环境、C#语言基础、内置对象、用户输入的界面元素、SQL Server 基础和基本操作、数据源控件和数据绑定控件、AJAX 技术、Web Service 技术;第 9 个项目"成绩管理系统"是一个综合性项目。

本书在编排上,注重理论与实践相结合,采用项目式教学模式,突出实践环节,充分体现"工学结合一体化"教学思想。本书将项目分解为若干任务,每个任务由任务描述、任务目的、任务分析、基础知识、任务实施、任务小结 6 个部分组成,全书共设置任务 22 个。正文中设置了操作技巧、拓展提高以及知识链接等特色模块,意在提高学生的学习兴趣,促进学生的全面发展。全书共设置项目考核 8 个,知识链接 22 个,小提示 36 个,拓展提高 15 个。每个项目最后设置了项目小结和项目考核内容。

本书所有项目实例都经过精心编写和调试,保证能够正确运行,书中所有源代码都可以免费获得。除此而外,还免费提供课程说明、教学参考、课件 PPT、课后习题答案、教学检测、资源扩展等教学资源。本书适合作为高职高专、应用型本科、成人教育院校等高校相关课程的教学用书,同时也可以作为 ASP.NET 程序员的入门学习书籍以及参考手册。

本书封面贴有清华大学出版社防伪标签,无标签者不得销售。
版权所有,侵权必究。侵权举报电话:010-62782989 13701121933

图书在版编目(CIP)数据

ASP.NET 网站项目开发教程/王庆喜,储泽楠主编. —北京:清华大学出版社,2016
高等学校计算机课程规划教材
ISBN 978-7-302-42428-4

Ⅰ. ①A… Ⅱ. ①王… ②储… Ⅲ. ①网页制作工具—程序设计—高等学校—教材 Ⅳ. ①TP393.092

中国版本图书馆 CIP 数据核字(2015)第 306754 号

责任编辑:汪汉友
封面设计:傅瑞学
责任校对:白 蕾
责任印制:何 芊

出版发行:清华大学出版社
网　　址:http://www.tup.com.cn,http://www.wqbook.com
地　　址:北京清华大学学研大厦 A 座　　　　邮　编:100084
社 总 机:010-62770175　　　　　　　　　　邮　购:010-62786544
投稿与读者服务:010-62776969,c-service@tup.tsinghua.edu.cn
质量反馈:010-62772015,zhiliang@tup.tsinghua.edu.cn
课件下载:http://www.tup.com.cn,010-62795954

印 刷 者:北京市人民文学印刷厂
装 订 者:三河市溧源装订厂
经　　销:全国新华书店
开　　本:185mm×260mm　　印　张:16.75　　字　数:393 千字
版　　次:2016 年 5 月第 1 版　　　　　　　　印　次:2016 年 5 月第 1 次印刷
印　　数:1~2000
定　　价:39.00 元

产品编号:067652-01

出 版 说 明

信息时代早已显现其诱人魅力,当前几乎每个人随身都携有多个媒体、信息和通信设备,享受其带来的快乐和便宜。

我国高等教育早已进入大众化教育时代。而且计算机技术发展很快,知识更新速度也在快速增长,社会对计算机专业学生的专业能力要求也在不断翻新。这就使得我国目前的计算机教育面临严峻挑战。我们必须更新教育观念——弱化知识培养目的,强化对学生兴趣的培养,加强培养学生理论学习、快速学习的能力,强调培养学生的实践能力、动手能力、研究能力和创新能力。

教育观念的更新,必然伴随教材的更新。一流的计算机人才需要一流的名师指导,而一流的名师需要精品教材的辅助,而精品教材也将有助于催生更多一流名师。名师们在长期的一线教学改革实践中,总结出了一整套面向学生的独特的教法、经验、教学内容等。本套丛书的目的就是推广他们的经验,并促使广大教育工作者更新教育观念。

在教育部相关教学指导委员会专家的帮助和指导下,在各大学计算机院系领导的协助下,清华大学出版社规划并出版了本系列教材,以满足计算机课程群建设和课程教学的需要,并将各重点大学的优势专业学科的教育优势充分发挥出来。

本系列教材行文注重趣味性,立足课程改革和教材创新,广纳全国高校计算机优秀一线专业名师参与,从中精选出佳作予以出版。

本系列教材具有以下特点。

1. 有的放矢

针对计算机专业学生并站在计算机课程群建设、技术市场需求、创新人才培养的高度,规划相关课程群内各门课程的教学关系,以达到教学内容互相衔接、补充、相互贯穿和相互促进的目的。各门课程功能定位明确,并去掉课程中相互重复的部分,使学生既能够掌握这些课程的实质部分,又能节约一些课时,为开设社会需求的新技术课程准备条件。

2. 内容趣味性强

按照教学需求组织教学材料,注重教学内容的趣味性,在培养学习观念、学习兴趣的同时,注重创新教育,加强"创新思维"、"创新能力"的培养、训练;强调实践,案例选题注重实际和兴趣度,大部分课程各模块的内容分为基本、加深和拓宽内容3个层次。

3. 名师精品多

广罗名师参与,对于名师精品,予以重点扶持,教辅、教参、教案、PPT、实验大纲和实验指导等配套齐全,资源丰富。同一门课程,不同名师分出多个版本,方便选用。

4. 一线教师亲力

专家咨询指导,一线教师亲力;内容组织以教学需求为线索;注重理论知识学习,注重学习能力培养,强调案例分析,注重工程技术能力锻炼。

经济要发展,国力要增强,教育必须先行。教育要靠教师和教材,因此建立一支高水平的教材编写队伍是社会发展的关键,特希望有志于教材建设的教师能够加入到本团队。通过本系列教材的辐射,培养一批热心为读者奉献的编写教师团队。

清华大学出版社

前　言

不知不觉,从事 ASP.NET 教学已经有 6 年之久,在教学中,常常发现学生在知识学习和实验中不知所措。学生学习欲望很强,但是教材大多重理论,轻实践,很多学生以知识记忆的方式学习 ASP.NET,记住了很多知识,却什么也不会做。ASP.NET 是一种编程技术,技术就要实战实练,本书以项目式教学的方式,讲解编程的过程,重视实践,学生跟着"任务实施"操作,就可以把任务完成,在做项目中学习,在项目实战中学习,事半功倍。

ASP.NET 是当前市场上流行的两大 Web 应用程序开发技术之一,不但是最新的 Web 开发技术,也是最容易入门的开发技术。ASP.NET 摒弃了 ASP 脚本语言的弱点,引入高级语言 C♯语言,使得程序的安全性、稳定性有了很大的提高,效率也提高了很多。总之,今天越来越多的程序员选择了 ASP.NET 技术。

本书自成体系,包含 ASP.NET 的语言基础 C♯,以及数据库编程的基础 SQL Server 的使用及 SQL 语言,本书针对 ASP.NET 新手编写,阅读本书不需要任何编程基础。本书共分为 9 个项目。

项目 1　讲解 ASP.NET 开发环境 Visual Stuido 2010 开发工具的搭建与使用,接触第一个 ASP.NET 的简单应用程序。

项目 2　讲解 C♯语言基础,主要为没有学习过 C♯语言的读者准备。

项目 3　讲解 ASP.NET 的内置对象,为 ASP.NET 应用程序使用内置对象

项目 4　讲解用户输入的界面元素,即 Web 服务器控件、验证控件、导航控件以及母版页。

项目 5　讲解 SQL Server 基础和基本操作,ADO.NET 连接访问数据库的技术。

项目 6　讲解数据源控件和数据绑定控件,通过这些控件,用户可以快速构建数据库应用。

项目 7　讲解 ASP.NET 的热门技术——AJAX,这是 Web 应用程序的趋势。

项目 8　讲解 ASP.NET 的一个高级主题——Web Service,本项目技术含量较高。

项目 9　综合项目——成绩管理系统。

本书在编排上,注重理论与实践相结合,采用任务式教学模式,突出实践环节,充分体现"工学结合一体化"教学思想。本书将项目分解为若干任务,每个任务由任务描述、任务目的、任务分析、基础知识、任务实施、任务小结 6 个部分组成,全书共设置任务 22 个。正文中设置了操作技巧、拓展提高以及知识链接等特色模块,意在提高学生的学习兴趣,促进学生的全面发展。全书共设置项目考核 8 个,知识链接 22 个,小提示 36 个,拓展提高 15 个。每个项目最后设置了项目小结和项目考核内容。配备完整的教学资源,包括课程说明、教学参考、课件 PPT、课后习题答案、教学检测、资源扩展等教学资源,方便教师教学和学生自学。

本书既可以作为高职高专、应用型本科、成人教学院校、各类计算机培训学校相关课程的教学用书,也可作为 ASP.NET 程序员学习的入门教程或参考资料。

本书由安阳工学院的王庆喜、储泽楠、齐万华、张阳、赵浩婕、孙高飞6位老师共同编写，由王庆喜老师统一定稿。在编写过程中得到了许多专家和老师的帮助和支持，在此表示感谢。

我们以科学、严谨的态度编写本书，但是计算机技术发展迅速，作者水平所限，书中错误和疏漏之处在所难免，敬请专家和广大读者批评指正。

编　者

目 录

项目 1 ASP.NET 开发环境 ... 1
    一、引言 ... 1
    二、项目要点 ... 1
    三、任务 ... 1
        任务 1-1 安装 Visual Stuido 2010 ... 1
        任务 1-2 使用 Visual Stuido 2010 开发 ASP.NET 入门应用程序 ... 7
    四、项目小结 ... 16
    五、项目考核 ... 16

项目 2 C♯语言基础 ... 18
    一、引言 ... 18
    二、项目要点 ... 18
    三、任务 ... 18
        任务 2-1 创建三种经典应用程序 ... 18
        任务 2-2 掌握 C♯数据类型 ... 29
        任务 2-3 掌握 C♯中标识符与注释 ... 47
    四、项目小结 ... 50
    五、项目考核 ... 51

项目 3 内置对象 ... 52
    一、引言 ... 52
    二、项目要点 ... 52
    三、任务 ... 52
        任务 3-1 获取客户端信息 ... 52
        任务 3-2 使用 Request 对象求两数之和 ... 57
        任务 3-3 使用 Cookie 保存客户信息 ... 64
        任务 3-4 使用 Session 控制访问 ... 71
    四、项目小结 ... 77
    五、项目考核 ... 77

项目 4 服务器控件 ... 79
    一、引言 ... 79
    二、项目要点 ... 79
    三、任务 ... 79

    任务 4-1　使用服务器控件设计注册页面 ………………………………… 79
    任务 4-2　使用验证控件验证注册数据 …………………………………… 97
    任务 4-3　使用导航控件制作菜单 ………………………………………… 108
    任务 4-4　使用母版 ………………………………………………………… 112
  四、项目小结 …………………………………………………………………… 115
  五、项目考核 …………………………………………………………………… 116

项目 5　数据库与 ADO.NET ……………………………………………………… 117
  一、引言 ………………………………………………………………………… 117
  二、项目要点 …………………………………………………………………… 117
  三、任务 ………………………………………………………………………… 117
    任务 5-1　使用数据库管理学生信息 ……………………………………… 117
    任务 5-2　使用 ADO.NET 操纵学生信息 ………………………………… 139
  四、项目小结 …………………………………………………………………… 151
  五、项目考核 …………………………………………………………………… 151

项目 6　数据控件与数据绑定 ……………………………………………………… 153
  一、引言 ………………………………………………………………………… 153
  二、项目要点 …………………………………………………………………… 153
  三、任务 ………………………………………………………………………… 153
    任务 6-1　使用 SqlDataSource 控件检索数据 …………………………… 153
    任务 6-2　实现学生下拉框绑定数据 ……………………………………… 161
    任务 6-3　使用 GridView 实现学生的增删改查 ………………………… 168
    任务 6-4　使用 ListView 展示课程信息 …………………………………… 185
  四、项目小结 …………………………………………………………………… 190
  五、项目考核 …………………………………………………………………… 191

项目 7　ASP.NET AJAX ………………………………………………………… 192
  一、引言 ………………………………………………………………………… 192
  二、项目要点 …………………………………………………………………… 192
  三、任务 ………………………………………………………………………… 192
    任务 7-1　使用 UpdatePanel 控件 ………………………………………… 192
    任务 7-2　使用 Timer 控件 ………………………………………………… 203
    任务 7-3　使用 AJAX Control Toolkit 扩展控件工具包 ………………… 207
  四、项目小结 …………………………………………………………………… 218
  五、项目考核 …………………………………………………………………… 218

项目 8　Web 服务 …………………………………………………………………… 219
  一、引言 ………………………………………………………………………… 219

二、项目要点 ·· 219
　　三、任务 ·· 219
　　四、项目小结 ·· 228
　　五、项目考核 ·· 228

项目 9　成绩管理系统 ··· 229
　　一、引言 ·· 229
　　二、项目要点 ·· 229
　　三、任务 ·· 229
　　　　任务 9-1　系统分析 ··· 229
　　　　任务 9-2　系统设计 ··· 229
　　　　任务 9-3　系统实现 ··· 230
　　四、项目小结 ·· 254

参考文献 ·· 255

项目 1 ASP.NET 开发环境

一、引言

ASP.NET 作为 Microsoft 公司推出的.NET 技术的网络应用平台,已经被广大的编程人员采用,成为目前基于 Web 应用程序开发中最流行和最前沿的技术。本章主要介绍 ASP.NET 和 Visual Studio 2010 集成开发工具,并通过简单的入门级实例,使读者对 ASP.NET 有一个初步认识。

工欲善其事,必先利其器。学习 ASP.NET 必须熟练掌握 Visual Studio 工具的使用,本书采用 Visual Studio 2010 版本(简称 VS 2010)。在比较新的版本中,Visual Studio 在功能上和开发使用上几乎没有差别。

二、项目要点

(1) 了解 Visual Studio 2010 的安装。
(2) 掌握 Visual Studio 2010 窗口的基本操作。
(3) 了解 ASP.NET Web 应用程序的一般开发过程。

三、任务

任务 1-1 安装 Visual Stuido 2010

【任务描述】

小王本来是开发 ASP 程序的,最近听说 ASP.NET 越来越火,使用的人越来越多,因此也想学习,好提升自己的薪资待遇。小王非常清楚,要想学习编程技术,开发工具是必不可少的,他想使用 Visual Stuido 2010 来开发应用程序,所以安装 Visual Stuido 2010 是目前必须做的事情了。

【任务目的】

(1) 理解 ASP.NET 的相关概念。
(2) 掌握 Visual Stuido 2010 的安装过程。

【任务分析】

一个好的开发工具可以使开发工作事半功倍,而使用.NET 平台进行应用程序开发的最好工具莫过于 Visual Studio。本书采用 Visual Studio 2010 集成开发环境。

Visual Stuido 2010 的安装比较简单,与 Windows 平台下很多软件一样,基本上是一路单击"下一步"按钮即可完成。

【基础知识】

1. ASP.NET

ASP.NET 是.NET Framework 的一部分，是微软公司的一项技术，是一种使嵌入网页中的脚本可由因特网服务器执行的服务器端脚本技术，它可以在通过 HTTP 请求文档时在 Web 服务器上动态创建它们。

知识链接：网站应用程序开发技术主要有 ASP.NET、JSP、ASP、PHP 等。目前市场占有份额较大的是 ASP.NET 和 JSP 技术。

2. .NET Framework 体系结构

.NET Framework 包含一个执行平台，其形式是虚拟机。.NET Framework 还包含几种可以为这个虚拟机创建程序的编程语言，以及丰富的类库，为这些语言创建丰富的内置功能。

.NET Framework 覆盖了在操作系统上开发软件的所有方面，为集成 Microsoft 或任意平台上的显示技术、组件技术和数据技术提供了最大的可能。创建出来的整个体系可以使 Internet 应用程序的开发就像桌面应用程序的开发一样简单。

.NET Framework 实际上"封装"了操作系统，把用.NET 开发的软件与大多数操作系统特性隔离开来，例如文件处理和内存分配。这样，为.NET 开发的软件就可以移植到许多不同的硬件和操作系统上。

该架构的底层是内存管理和组件加载层，最高层提供了显示用户和程序界面的多种方式。在这两者之间的层仅提供开发人员需要的所有系统级功能。

3. Visual Studio 2010

Visual Studio 2010 即 Microsoft Visual Studio 2010，是微软公司推出的开发环境。是目前最流行的 Windows 平台应用程序开发环境。Visual Studio 2010 版本于 2010 年 4 月 12 日上市，其集成开发环境（IDE）的界面被重新设计和组织，变得更加简单明了。Visual Studio 2010 同时带来了.NET Framework 4.0、Microsoft Visual Studio 2010 CTP（Community Technology Preview，CTP），并且支持开发面向 Windows 7 的应用程序。除了 Microsoft SQL Server，它还支持 IBM DB2 和 Oracle 数据库。

（1）Visual Studio 的 9 个新功能。Visual Studio 2010 是一个经典的版本，相当于当年的 6.0 版。它可以自定义开始页，还包括以下新功能：

① C# 4.0 中的动态类型和动态编程；

② 多显示器支持；

③ 使用 Visual Studio 2010 的特性支持 TDD；

④ 支持 Office；

⑤ Quick Search 特性；

⑥ C++0x 新特性；

⑦ IDE 增强；

⑧ 使用 Visual C++ 2010 创建 Ribbon 界面；

⑨ 新增基于.NET 平台的语言 F#。

（2）六大创新。根据微软发布的一份官方文档宣称，Visual Studio 2010 和.NET Framework 4.0 在以下 6 个方面有所创新。

① 民主化的应用程序生命周期管理。在一个组织中,应用程序生命周期管理(ALM)将涉及多个角色。但是在传统意义上,这一过程中的每个角色并不是完全平等的。Visual Studio Team System 2010 坚持打造一个功能平等、共同分担的平台以用于组织内的应用程序生命周期管理过程。

② 顺应新的技术潮流。每年,业界内的新技术和新趋势层出不穷。通过 Visual Studio 2010,微软公司为开发者提供合适的工具和框架,以支持软件开发中最新的架构,开发和部署。

③ 让开发商惊喜。从 Visual Studio 的第一个版本开始,微软公司就将提高开发人员的工作效率和灵活性作为自己的目标。Visual Studio 2010 将继续关注并且显著地改进开发者最核心的开发体验。

④ 下一代平台浪潮的弄潮儿。微软公司热忠于开发市场领先的操作系统、工具软件和服务器平台,为客户创造更高的价值。使用 Visual Studio 2010,可以在新一代的应用平台上为客户创造令人惊奇的解决方案。

⑤ 跨部门应用。客户将在不同规模的组织内创建应用,跨度从单个部门到整个企业。Visual Studio 2010 确保在这么宽泛的范围内的应用开发都得到支持。

⑥ 高效开发环境。Microsoft Visual Studio 2010 采用拖曳方式完成软件的开发,简单的操作便可以实现一个界面的生成,所拖曳的界面,也可以用相应的代码来实现功能。Microsoft Visual Studio 2010 支持 C#、C++、Visual Basic,可以快速实现相应的功能。

小提示:本书讲解的知识和技术属于基础的内容,对 Visual Studio 开发工具的版本要求不严格,使用 Visual Studio 2008 也是可以的。

【任务实施】

第 1 步　插入 Visual Stuido 2010 安装光盘到光驱,如图 1-1 所示。

图 1-1　光驱中的 Visual Stuido 2010

小提示：本书采用虚拟光驱（Daemon Tools Lite）安装，读者可以自行决定安装方式。

第 2 步　双击打开光驱，找到 Setup 文件，双击 Setup 图标（文件），即可打开安装程序窗口，如图 1-2 所示。

图 1-2　安装程序窗口

第 3 步　单击对话框中的"安装 Microsoft Visual Studio 2010"按钮，打开安装前的准备——加载文件界面，如图 1-3 所示。

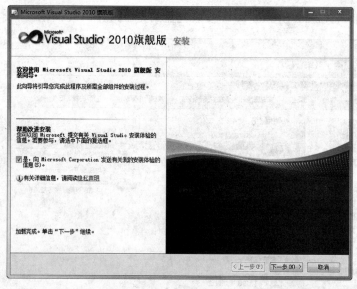

图 1-3　安装界面

第 4 步　单击"下一步"按钮，出现"协议与安装产品密钥"对话框，如图 1-4 所示。

小提示：产品密钥。根据采用的 Visual Stuido 2010 安装盘不同，有的安装盘会让用户输入"产品密钥"。

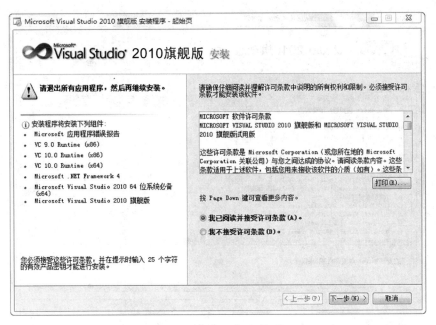

图 1-4 安装程序-起始页

第 5 步 选中"我已经阅读并接受许可条款"单选框,单击"下一步"按钮,打开"安装程序-选项页"对话框,如图 1-5 所示。

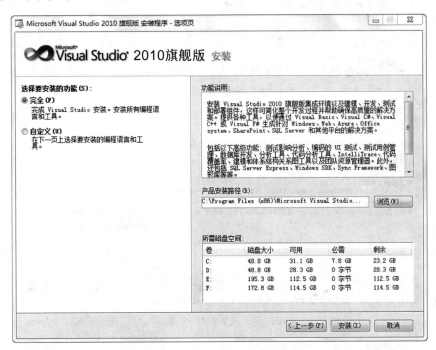

图 1-5 安装程序-选项页

第 6 步 根据实际情况输入"产品安装路径"后,单击"安装"按钮,开始安装,安装过程如图 1-6 所示。

图 1-6　安装程序-安装页

第 7 步　安装完成后,系统自动打开"安装程序-完成页",如图 1-7 所示。单击"安装程序-完成页"对话框上的"完成"按钮,安装完成。

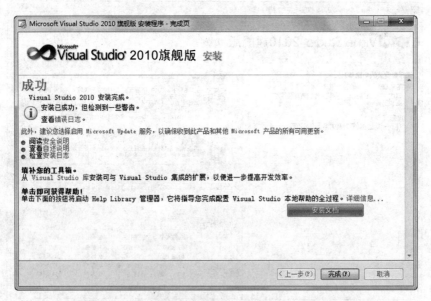

图 1-7　安装程序-完成页

【任务小结】

本任务比较简单,是在 Windows 7 下的软件安装,基本上是一路单击"下一步"按钮即可。在安装过程中遇到问题,可以上网查找解决办法。

任务 1-2　使用 Visual Stuido 2010 开发 ASP．NET 入门应用程序

【任务描述】

小王在安装了 Visual Stuido 开发工具后,想做一个简单的例子,也就是一个入门的应用程序。编程最简单的例子就是"Hello World",但小王以前开发过 ASP 程序,有些基础,因此他要做一个比"Hello World"难一点的程序,要有一定交互功能的应用程序。

【任务目的】

熟悉 Visual Stuido 2010 的基本操作。

掌握 ASP．NET 应用程序的开发流程。

了解 ASP．NET 开发的相关知识。

【任务分析】

本任务展示使用 Visual Stuido 2010 开发 ASP．NET 应用程序的过程,让读者对 ASP．NET 开发有一个直观的了解。本任务涉及知识较少,只有 TextBox、Button 和 Label 控件,以及事件驱动开发的知识,对于这些知识在后续的项目中,还会详细讲解。

【基础知识】

1．Visual Stuido 2010 的 IDE 界面

(1) 客户设计区:用 Visual Stuido 2010 打开网页后,其中最大的区域就是客户设计区,它是用户用来设计页面的主要环境。

可以通过单击左下角的"设计"和"源"切换设计页面和 HTML 源码。

(2) 工具箱:Visual Stuido 2010 给用户提供了很多控件,包括标准控件、数据控件、验证控件、导航控件和 Ajax 控件等。

(3) 解决方案资源管理器:解决方案资源管理器的功能是管理一个应用程序中所有的属性记忆组成该应用程序的所有文件。

(4) 属性:选中页面中的控件,则在属性框中显示出选中控件的属性,并可以在属性框中对所选控件的属性进行修改。

2．菜单

(1) "文件"菜单。在 IDE 的上方是 IDE 的功能菜单。"文件"菜单包括 3 个主要的功能菜单项:

① "新建":用来创建新的项目或网站的菜单项,"新建"菜单项下有"项目"、"网站"菜单项,其中"项目"是创建基于 Windows 的应用程序,"网站"是创建基于 Web 的网站。

② "打开":打开已经创建的项目或网站。

③ "推出":推出 Visual Stuido 2010。

(2) "视图"菜单。"视图"十分重要,它集合了 IDE 提供的所有窗口。

① "解决方案资源管理器":如果误操作把解决方案浏览器关闭了,可以在这里通过选择"解决方案资源管理器"命令重新打开该面板。关闭该面板只需单击面板右上方的"关闭"按钮即可。

② "服务器资源浏览器":如果误操作把"服务器资源浏览器"面板关闭了,可以在这里通过选择"服务器资源浏览器"命令重新打开该面板。

③ "错误清单":"错误清单"面板集中显示所有在编译过程中遇到的错误,并指出错误的位置。选中"错误清单",则打开"错误清单"面板。

④ "输入窗口":程序输出的结果显示窗口。

⑤ "属性":如果在 Visual Stuido 2010 中没有属性框,可以在这里通过选择"属性"命令打开"属性"面板。

⑥ "工具箱":如果在 Visual Stuido 2010 中没有"工具箱"面板,可以在这里通过选择"工具箱"命令打开"工具箱"面板。

知识链接:解决方案资源管理器、工具箱、属性窗口是在开发中使用最多的几个窗口,客户设计区是开发人员设计界面的区域。

3. ASP．NET Web 应用程序开发过程

(1) 新建一个网站。

(2) 添加一个 Web 窗体。

(3) 为 Web 窗体添加控件。

(4) 设置页面控件的属性。

(5) 编写代码。

(6) 测试与运行程序。

4. 事件驱动编程

传统程序一般是按照从上至下、从前至后的顺序执行的,事件驱动编程模式改变了传统的编程模式。

事件是按照一个对象发送消息通知另一个对象操作的机制来执行的,他可以用于对象间的同步和信息传递。Windows 操作系统就是由事件驱动的,它不依顺序方式执行,当 Windows 启动后,就等待事件的发生,例如用户双击"我的电脑"图标或者单击"开始"按钮等,只有发生了事件,Windows 才会执行相应的动作处理事件。

在 ASP．NET 中,页面显示在浏览器中,等待用户交互,当用户单击按钮时就发生一个事件。程序会执行相应的代码来响应事件。在代码执行结束后,页面返回,继续等待下一个事件。

ASP．NET 的事件分为 3 类。

(1) HTML 事件。这些事件可以在网页上发生,并由浏览器在客户端处理,如在客户端 JavaScript 中运行弹出框等。

(2) 自动触发事件。ASP．NET 页面生成时,会自动触发一些事件,它们不需要干涉,在用户看到页面之前执行,使用这些事件可以初始化页面。

(3) 用户交互事件。ASP．NET 的事件处理采用委托机制,如按钮的 Click 事件,编程时在设计上双击按钮,程序会自动添加事件的相应方法,代码如下。

```
protected void Button1_Click(object sender, EventArgs e)
{

}
```

一般情况下,事件的响应方法中包含两个参数,其中一个参数代表引发事件的对象 sender,由于引发事件的对象是不可预知的,因此将其声明为 Object 类型,使用于所有对象;另一个参数代表引发事件的具体信息,在各种类型的事件中可能不同,因此采用了

EventArgs 类型，用于传递事件的细节。

知识链接：事件驱动模型三大要素。事件源：能够接收外部事件的源体；侦听器：能够接收事件源通知的对象；事件处理程序：用于处理事件的对象。在页面第一次运行时，ASP．NET 创建页面和控件对象，接着执行初始化代码，然后页面被呈现为 HTML 并返回到客户端，页面对象在服务器内存中被释放掉；用户在某点触发某个事件时，例如单击某个按钮，页面所有的表单数据被提交；ASP．NET 截获这些返回的页面并重建页面对象，准确还原对象在页面被发送到客户端时的最后状态；ASP．NET 检查是什么操作触发了事件，引发相应的事件；修改后的页面转化成 HTML 并返回到客户端。

【任务实施】

小提示：本任务的目的是熟悉 Visual Stuido 2010 的使用，简单了解 ASP．NET 开发，实施过程中不要求读者对使用到的知识和技术都十分熟悉和掌握，因为这些知识和技术在以后的项目中会深入讲解。但是对于 Visual Stuido 2010 的操作必须尽快熟悉，比如创建网站、添加 Web 窗体、拖放控件、设置控件属性等。

第 1 步　启动 Visual Stuido 2010。选择"开始"|"所有程序"|Microsoft Visual Studio 2010|Microsoft Visual Studio 2010 菜单命令，打开 Visual Studio 2010。如图 1-8 所示。

图 1-8　启动 Visual Stuido 2010

第 2 步　启动完成后，系统自动打开"选择默认环境设置"对话框，如图 1-9 所示。

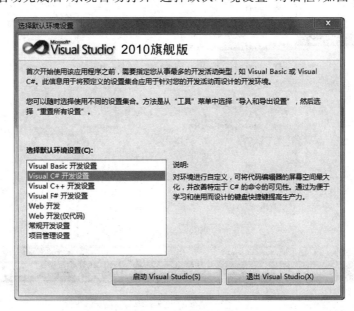

图 1-9　设置默认环境

第3步 选择默认环境设置。选中"Visual C♯环境设置"选项,单击"启动 Visual Studio"按钮,打开 Visual Stuido 2010 主界面,如图 1-10 所示。这个步骤只有在安装后第一次启动时才需要。

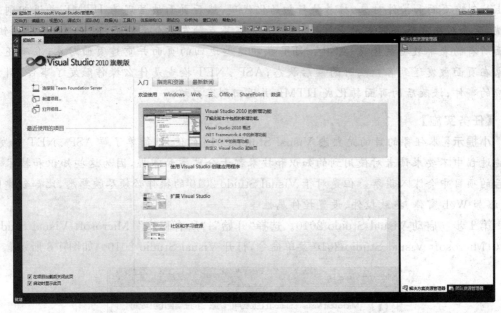

图 1-10　Visual Stuido 2010 主界面

第4步 选择"文件"|"新建"|"网站"菜单命令,打开"新建网站"对话框,如图 1-11 所示,单击其中的"浏览"按钮,选中或创建一个文件夹。

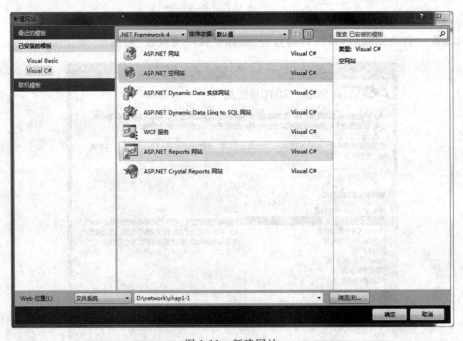

图 1-11　新建网站

第5步　如果输入的文件夹不存在,则会弹出"创建文件夹"提示对话框,如图1-12所示。

图1-12　文件夹不存在提示

第6步　在"解决方案资源管理器"中,选中网站后右击,从弹出的快捷菜单中选择"添加"命令,打开"添加新项"对话框,如图1-13所示。

图1-13　添加网页

第7步　在"添加新项"对话框中,选中"Web窗体"后,单击"添加"按钮,则添加网页成功,如图1-14所示。

第8步　单击Visual Stuido 2010下方的"设计"按钮,切换"源码界面"到"设计界面",如图1-15所示。

小提示:对于初学者,主要使用"设计界面",对于经验丰富的编程者,可能更喜欢使用"源码界面"。

第9步　从工具箱中拖入一个TextBox控件、一个Button控件和一个Label控件到设计界面中,如图1-16所示。

第10步　修改TextBox属性,如图1-17所示。

第11步　修改Button属性,如图1-18所示。

第12步　修改Label属性,如图1-19所示。

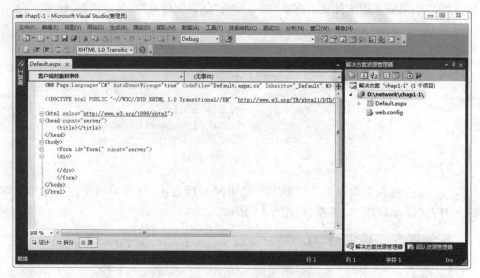

图 1-14　网页编辑源代码界面

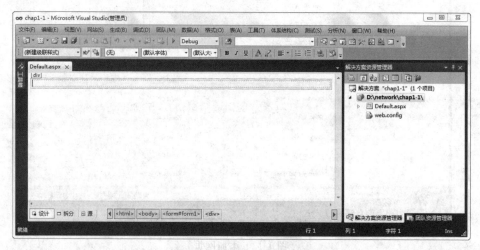

图 1-15　网页编辑设计界面

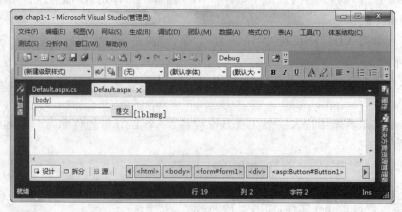

图 1-16　设计后界面

图 1-17　Label 属性设置窗口　　　图 1-18　Button 属性设置窗口　　　图 1-19　TextBox 属性设置窗口

第 13 步　双击设计界面中的 Button 按钮,进入逻辑代码编辑界面,直接跳转到 Button 的 Click 事件中,如图 1-20 所示。

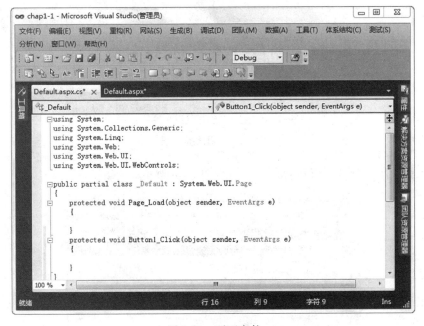

图 1-20　页面事件

第 14 步　添加 Button 的 Click 事件代码,代码如图 1-21 所示。

第 15 步　启动调试。选择"调试"|"启动调试"菜单命令,或单击工具栏中的"启动调

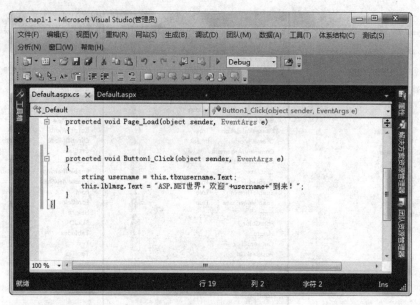

图 1-21 事件内代码

试"图标,系统开始调试网页,第一次调试时,会弹出"未启动调试"提示对话框,如图 1-22 所示。

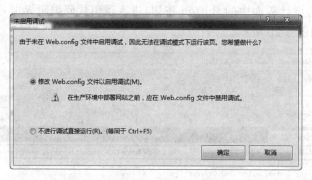

图 1-22 调试提示框

第 16 步 单击"确定"按钮,打开网页,如图 1-23 所示。

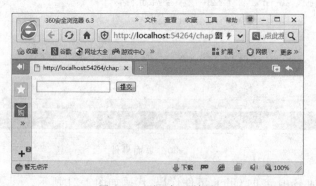

图 1-23 页面打开效果

知识链接：单击"确定"按钮后，系统为网站添加了 Web.xml 文件，这是一个 XML 的文件，用来配置网站。

第 17 步　再输入框中输入比尔盖茨后，单击"提交"按钮，页面刷新后，内容改变，如图 1-24 所示。

图 1-24　页面操作效果

【任务小结】

本任务使用 Visual Stuido 2010 开发一个小程序，程序中只有一个网页，网页中有一个 TextBox 控件、一个 Button 控件和一个 Label 控件，其中 TextBox 控件是让用户录入数据的录入框，Button 控件是触发提交数据事件的按钮，Label 控件显示提交数据后的返回信息。

【拓展提高】

1. C/S 和 B/S 结构体系

目前在程序开发领域中，主要有两大编程体系：一个是基于操作系统平台的 C/S 结构，另一个是基于浏览器的 B/S 结构。

（1）C/S 架构体系。C/S 即客户机/服务器，通常程序将开发完成的软件安装在某计算机（客户机）中，将数据库安装在专用的服务器（数据库服务器）中，这样可以利用两端硬件资源，将任务合理地分配到客户端和服务器端，降低了系统的通信开销。这种架构要求客户机中必须安装客户端程序，否则无法工作。

（2）B/S 架构。B/S 即浏览器/服务器，它由客户机、应用服务器和数据库服务器 3 部分组成。B/S 架构中，不需要在客户机上安装专门的客户机软件，用户在使用程序时仅需要通过安装在客户机上的浏览器访问指定的 Web 服务器即可。目前，B/S 架构已经成为应用程序的主流选择。

小提示：目前主流的体系结构是 B/S，并且 ASP.NET 技术也是 B/S 结构。

2. 静态网页和动态网页

网页应用技术种类繁多，根据其生成方式不同可以分为静态页面和动态页面两种。

（1）静态页面。静态页面是指在网络上内容和外观总是保持不变的页面，这些网页大多比较简单，适合表现相对固定的内容。

（2）动态页面。动态网页依靠浏览器和服务器端的互动来实现，服务器端可以实时处理浏览器端的请求，然后将响应结果传给浏览器，这样动态页面就显示在浏览器中了。

ASP．NET 主要用来制作以动态网页为主的应用系统。

3．Web 窗体的生命周期

Web 窗体从实例化分配内存空间到处理结束释放内存，一般需要经历4个步骤。

（1）页面初始化：页面生命周期中的第一个阶段是初始化，其标志是 Page_Init 事件。当页面初始化事件发生时，.aspx 文件中的声明的控件被实例化，并采用各自默认值。

（2）页面装载：页面装载时在初始化之后进行，所发生的事件为 Page_Load。

（3）事件处理：Web 窗体上的每一个动作都激活一个到达服务器的事件。一个 Web 窗体有两个视图，一个客户视图和一个服务器视图。所有的数据处理都在服务器上进行。当通过单击鼠标或其他方法触发一个事件时，事件就到达服务器并返回相应的数据。

（4）资源清理：发生在一个窗体完成了任务并准备卸载的时候，激活 Page_UnLoad 事件，完成最后的资源清理。

四、项目小结

本章包含两个主要内容，第一个是安装 Visual Studio 2010 开发工具，十分简单；第二个是熟悉 Visual Studio 2010 开发工具，简单了解 Visual Studio 2010 的基本操作和主要窗口和功能。随着学习的深入和练习的增多，开发工具 Visual Studio 2010 的使用会越来越熟练。

五、项目考核

1．选择题

（1）下面关于 ASP．NET 页面运行过程描述正确的是（　　）。
　　A．直接运行
　　B．先编译后执行
　　C．首先编译成 MSIL 语言，再由 JIT 编译器编译成本机代码
　　D．以上都不正确

（2）MSDN 是一种（　　）。
　　A．注释　　　　　　　　B．随即帮助文档
　　C．系统帮助文档　　　　D．帮助与说明

（3）HTML 包括（　　）。
　　A．基本标记　　　　　　B．文字属性标记
　　C．链接标记　　　　　　D．嵌入图片标记

（4）在 ASP．NET 中，添加了两个最基本的事件（　　）。
　　A．Form_Load　　　　　B．Page_Load
　　C．Page_UnLoad　　　　D．Click

（5）若想修改按钮显示的文字名字，应当设置按钮的（　　）属性。
　　A．Text　　　　　　　　B．Name
　　C．Enableed　　　　　　D．Visible

2. 填空题

(1) Visual Studio 2010 开发工具支持的开发语言有_____、_____、_____和_____。

(2) Visual Stuido 2010 中,设计页面的后缀名为_____,逻辑代码页面的后缀名为_____。

3. 简答题

简述 Visual Studio 2010 的程序开发步骤。

4. 上机操作题

(1) 在 PC 上安装 Visual Studio 2010。

(2) 启动和退出 Visual Studio 2010,熟悉 Visual Studio 2010 的界面和基本操作。

(3) 模仿本项目任务实施中的过程,开发一个入门级小例子。例如,可以输入两句话,单击"提交"按钮时,把两句话链接起来并一同输出。

项目 2　C♯语言基础

一、引言

在学习 ASP.NET 之前,需要先学习语言基础,ASP.NET 的语言有多种,包括 C♯语言、Visual Basic 语言、C++ 语言等,微软公司主推的是 C♯语言,这是为 Web 开发量身打造的语言,也是.NET 的原生语言,因此本书也采用 C♯语言。

本项目是为没有学习过 C♯语言或 C♯语言掌握较差的读者准备的,系统学习过 C♯语言的读者可以跳过本章。

二、项目要点

(1) 了解 C♯语言基础。
(2) 掌握 C♯面向对象编程和 C♯项目。
(3) 掌握 C♯语言的核心知识和技术。

三、任务

任务 2-1　创建三种经典应用程序

【任务描述】

小王在工作中使用过很多应用程序,很好奇应用程序是如何开发出来的,因为他还不知道如何创建应用程序。

【任务目的】

(1) 了解 C♯语言。
(2) 掌握简单的 C♯程序书写规范。
(3) 掌握 3 种经典应用程序的创建过程。

【任务分析】

C♯是进行 ASP.NET 开发的基础,首先需要掌握 C♯的简单书写规范,方可进行 ASP.NET 程序开发设计。

【基础知识】

1. C♯简介

C♯(读做 C-sharp)是一种现代化的面向对象的程序开发语言,由微软公司为.NET 平台设计的全新的编程语言,用 C♯编写的应用程序可以充分利用.NET 的框架体系带来的优点,可以使程序移植到.NET 上。C♯是 Visual Studio 开发工具中的程序设计语言之一,既可以用来编写基于通用网络协议的 Internet 服务软件,也可以编写各种数据库、网络服务应用程序和 Windows 窗口界面程序。

C♯语言的优势如下:

(1) 具有高度的灵活性和强大的底层控制能力,能与计算机硬件直接通信。

(2) 具有可移植性,尽管程序的编写是针对所给的操作系统和特定的计算机硬件系统的,但是只需要做少量的修改就可以应用于其他系统。

(3) 代码高速高效,具有相当高的执行效率。

知识链接:目前在应用系统开发领域,市场份额最大的高级语言是 C♯和 Java。C♯的影响近年来越来越大。

2. C♯与 ASP.NET 的关系

.NET 是一个抽象层面上的平台的概念,可以开发、部署和执行分布式应用程序,其本身实现的方式其实还是库,其核心就是.NET Framework。而 ASP.NET 是一个网站开发的技术,是.NET 框架中的一个应用模型,是用于生成基于 Web 的应用程序的内容丰富的编程框架。

C♯就其本身而言只是一种程序设计语言,仅仅是为了方便开发人员和计算机沟通的工具,其使用和与.NET 的关系如图 2-1 所示。

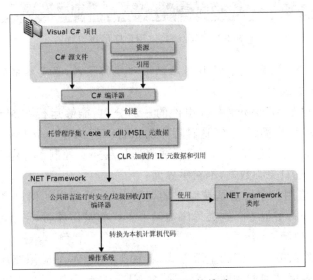

图 2-1　C♯与.NET 的关系

编写的 ASP.NET 应用程序通常包括网页层和后台处理层这两部分的代码。网页就是用标记语言来写的,完成页面的显示,而网页对应的后台处理程序则需要.NET 语言来完成,目前主要是采用 C♯语言。可以说整个 ASP.NET 网站通过 C♯来实现。而 C♯则是 MS.NET Framework 的主要语言,可以用在网站、桌面应用等方面。可以算是一种比较流行的编程语言。

3. 三种经典的应用程序

C♯主要用于开发控制台应用程序、Windows 窗体应用程序和 Web 网站应用程序这 3 种经典的应用程序,在新建项目中可以选择应用程序的种类,如图 2-2 所示。在图 2-2 中,

1、2、3 号位分别标记出控制台应用程序、Windows 窗体应用程序和 Web 网站应用程序对应的位置,单击这 3 个位置,可创建相应的应用程序。

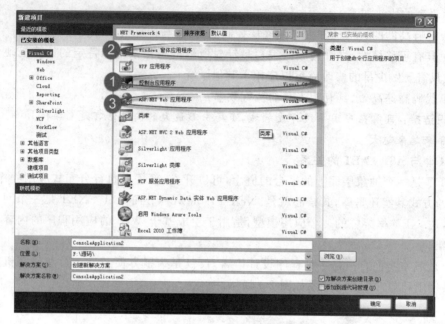

图 2-2　三种经典应用程序创建位置

小提示:ASP.NET 是开发 Web 网站应用程序的技术,也是本书的核心,请认真学习相关知识。

控制台应用程序是 Windows 系统组件的一部分,是能够运行在 MS-DOS 环境中的程序,是为了兼容 DOS 程序而设立的,这种程序的执行就好像在一个 DOC 窗口中执行一样,没有可视化的界面,只是通过字符串来显示或者监控程序。控制台程序常常被应用在测试、监控等方面,用户往往只关心数据,不在乎界面。

Windows 窗体应用程序目前是在微软的 Windows 系统中使用最多的应用程序,如记事本、画图、计算器和写字板等。这类程序提供了友好的操作界面,完全可视化的操作,使用起来简单方便,容易理解。

当今互联网已经改变了人们的生活方式,各种类型的 Web 应用充斥着互联网,如社交网站、视频网站、博客网站和购物网站等。通过.NET 平台和使用 C♯语言,可以构建 Web 应用,同时在.NET 平台上运行的 Web 应用程序的技术被称为 ASP.NET。

【任务实施】

第 1 步　打开 Visual Studio 2010 开发环境,在起始页的创建操作中,单击"新建项目",或者选择"文件"|"新建"|"项目"菜单命令,弹出"新建项目"对话框,如图 2-3 所示。

第 2 步　在"新建项目"对话框中,选择项目类型中的 Visual C♯|Windows 选项,在右边的模板列表中,选择"控制台应用程序"选项。在"名称"字段中,填写项目名称 ConsoleApplication1;在"位置"字段中,单击"浏览"按钮,选择项目保存的位置;在解决方案名称字段中,填写解决方案的名称 ConsoleApplication1。单击"确定"按钮,创建一个控制台应用程序(也可单击图 2-2 中的 1 号位置来完成新建控制台项目),如图 2-4 所示。

图 2-3　新建控制台应用程序

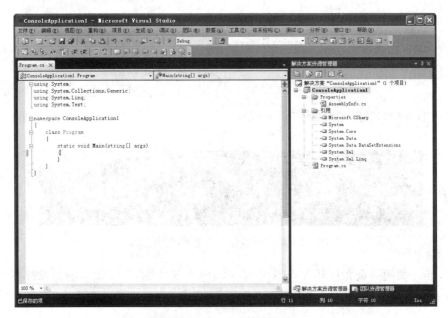

图 2-4　第一个控制台程序

如图 2-4 中所示,在"解决方案"面板中,系统会自动生成一些文件和代码。

Properties 是项目属性目录,其中存放着有关本项目属性的类。AssemblyInfo.cs 文件中保存项目的详细信息,包括项目名称、项目描述、所属公司、版权信息以及版本号等。

引用目录下列出了该项目中引用的所有类库。

Program.cs 是系统默认生成的生成的程序开始启动文件,其中包含了程序启动的静态方法 Main(),即入口函数。

第 3 步 打开 Program.cs 文件,如图 2-5 所示。

第 1~4 行:在使用类之前,必须通过 using 关键字来引用.NET 类库中的命名空间。创建一个新类后,系统会默认引用 4 个最常用的命名空间。命名空间提供了一种组织相关类和其他类型的方式,是用来组织类的,用来防止命名冲突。

第 6 行:namespace 关键字表示当前类所属的命名空间。

第 10 行:Main 是程序的入口函数,在程序运行时,将会首先执行函数中的代码,与 C、C++ 语言相同。

第 4 步 按快捷键 Ctrl+F5 或者选择"调试"|"开始执行(不调试)"菜单命令(如图 2-6 所示),编译并执行代码,运行效果如图 2-7 所示。

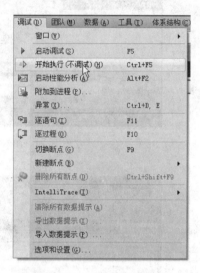

图 2-5 自动生成控制台应用程序 Program.cs 文件   图 2-6 开始执行菜单

图 2-7 第一个控制台应用程序执行效果

第 5 步 关闭并重新打开 Visual Studio 2010 开发环境,在起始页的创建操作中,单击"新建项目",或者选择"文件"|"新建"|"项目"菜单命令,弹出图 2-3 所示的"新建项目"对话框。

第 6 步 在"新建项目"对话框中,选择项目类型中的 Visual C#|Windows 选项,在右边的模板列表中,选择"Windows 窗体应用程序"选项。在"名称"字段中,填写项目名称 WindowsFormsApplication1;在"位置"字段中,单击"浏览"按钮,选择项目保存的位置;在解决方案名称字段中,填写解决方案的名称 WindowsFormsApplication1。单击"确定"按钮,创建一个 Windows 窗体应用程序(也可单击图 2-4 中的 2 号位置来完成新建 Windows 窗体应用程序),如图 2-8 所示。

如图 2-8 中所示,在"解决方案"面板中,系统会自动生成一些文件和代码。

知识链接：Properties 是项目属性目录，其中存放着有关本项目属性的类。AssemblyInfo.cs 文件中保存项目的详细信息，包括项目名称、项目描述、所属公司、版权信息以及版本号等。Resources.resx 和 Resources.Designer.cs 是窗体的资源文件。Settings.settings 和 Settings.Designer.cs 是项目属性的配置文件。

引用目录下列出了该项目中引用的所有类库。

Form1.cs 是窗体文件，其中包括了设计器和窗体资源文件。

Program.cs 是系统默认生成的生成的程序开始启动文件，其中包含了程序启动的静态方法 Main()，即入口函数。

如图 2-8 中所示，在"工具箱"面板中，将所使用的控件进行分类。选择工具箱中的一个控件，将此控件从工具箱面板中拖曳到主窗体中的任意位置，即可创建该控件，可在窗体中使用。

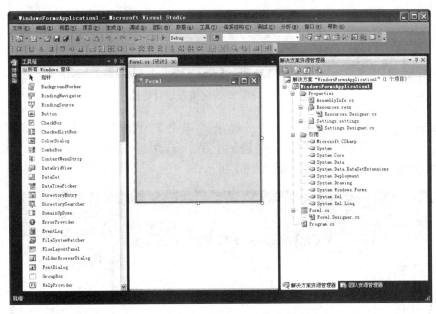

图 2-8　第一个 Windows 窗体应用程序

第 7 步　按快捷键 Ctrl+F5 或者选择"调试"|"开始执行(不调试)"菜单命令(如图 2-6 所示)，编译并执行代码，运行效果如图 2-9 所示。

第 8 步　关闭并重新打开 Visual Studio 2010 开发环境，在起始页的创建操作中，单击"新建项目"，或者选择"文件"|"新建"|"项目"菜单命令，弹出图 2-10 所示的"新建项目"对话框。

第 9 步　在"新建项目"对话框中，选择项目类型中的 Visual C♯|Web 选项，在右边的模板列表中，选择"ASP.NET Web 应用程序"选项。在"名称"字段中，填写项目名称 WebApplication1；在"位置"字段中，单击

图 2-9　第一个 Windows 窗体应用程序执行效果

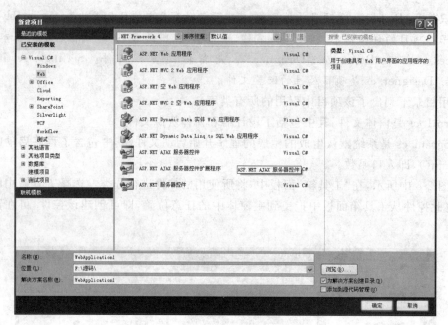

图 2-10　新建 Web 应用程序对话框

"浏览"按钮,选择项目保存的位置;在解决方案名称字段中,填写解决方案的名称 WebApplication1。单击"确定"按钮,创建一个 Web 应用程序(也可单击图 2-2 中的"3"号位置来完成新建 Web 应用程序),如图 2-11 所示。

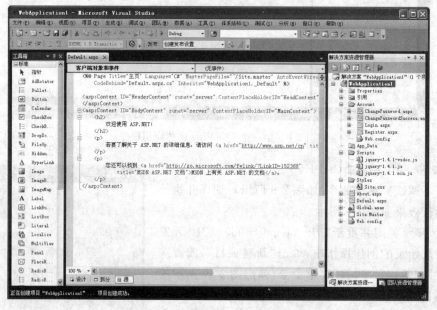

图 2-11　第一个 Web 应用程序

如图 2-11 中所示,在"解决方案"面板中,系统会自动生成一些文件和代码。

Properties 是项目属性目录,其中存放着有关本项目属性的类。AssemblyInfo.cs 文件中保存项目的详细信息,包括项目名称、项目描述、所属公司、版权信息以及版本号等。

引用目录下列出了该项目中引用的所有类库。

知识链接：Account 目录是系统自动生成的有关用户管理的代码和文件，如用户登录、用户注册、修改密码等功能。

Web.config 是项目的配置文件，其中可以存放连接数据库等信息。

Scripts 目录中是 Jquery 库的代码，Jquery 是 Ajax 的技术之一。

Styles 目录中是站点的样式表文件。

About.aspx 是系统生成的关于页面。

Default.aspx 是站点的默认起始页面。

Global.asax 文件中记录着站点的全局变量。

Site.Master 是一个母版文件，类似于框架。

如图 2-11 中所示，在"工具箱"面板中，将所使用的控件进行分类。选择工具箱中的一个控件，将此控件从"工具箱"面板中拖曳到页面相应位置，修改标签属性，即可使用该控件（具体方法在拓展提高中介绍）。

第 10 步　按 Ctrl+F5 键或者选择"调试"|"开始执行（不调试）"菜单命令（如图 2-7 所示），编译并执行代码，运行效果如图 2-12 所示。

图 2-12　第一个 Web 应用程序运行效果

【任务小结】

本任务介绍 C♯语言、C♯与 ASP.NET 的关系，重点介绍 C♯经常使用的 3 种经典应用程序的创建和配置。C♯是 ASP.NET 开发的首要选择使用语言，需掌握其 3 种经典应用程序的创建和执行。

【拓展提高】

1. 控制台应用程序中输出"Hello World"

第 1 步　打开 Visual Studio 2010 开发环境，执行"文件"|"打开"|"项目/解决方案"命令，弹出"打开项目"对话框，如图 2-13 所示。

第 2 步　选择 ConsoleApplication1 文件夹下的 ConsoleApplication1.sln 解决方案，单击"打开"按钮，将任务中的第一个控制台应用程序打开。

第 3 步　打开 Program.cs 文件，在入口函数 Main()中添加代码"Console.WriteLine

图 2-13 "打开项目"对话框

("Hello World!");"并保存文档,更改后的文档如图 2-14 所示。

```
1  using System;
2  using System.Collections.Generic;
3  using System.Linq;
4  using System.Text;
5
6  namespace ConsoleApplication1
7  {
8      class Program
9      {
10         static void Main(string[] args)
11         {
12             //输出到控制台
13             Console.WriteLine("Hello World!");
14         }
15     }
16 }
```

图 2-14 控制台应用程序添加输出语句

Console 是有关控制台的类,有两个输出字符串的方法,其中示例中使用的 WriteLine 方法是将字符串输出到控制台中显示出来,结尾会有一个换行控制符一起输出出来;另一个方法为 Write,也可将字符串输出到控制台中显示,但结尾没有换行控制符。

第 4 步 按 Ctrl+F5 键或者选择"调试"|"开始执行(不调试)"菜单命令(如图 2-6 所示),编译并执行代码,运行效果如图 2-15 所示。

图 2-15 控制台应用程序中输出"Hello World"

2. Windows 窗体应用程序中输出"Hello World"

第1步　选择"文件"|"打开"|"项目/解决方案"菜单命令,弹出"打开项目"对话框,如图 2-13 所示。

第2步　选择 WindowsFormsApplication1 文件夹下的 WindowsFormsApplication1.sln 解决方案,单击"打开"按钮,将任务中的 Windows 窗体应用程序打开。

第3步　在"工具箱"面板中选中 Label 控件拖曳至主窗口中的任意位置,如图 2-16 所示。

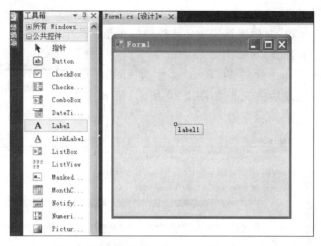

图 2-16　拖曳 Label 控件

第4步　选择刚才放到主窗体的 Label 控件,在"属性"面板中设置其 Text 属性为 Hello World 并保存文档,修改后的文档如图 2-17 所示。

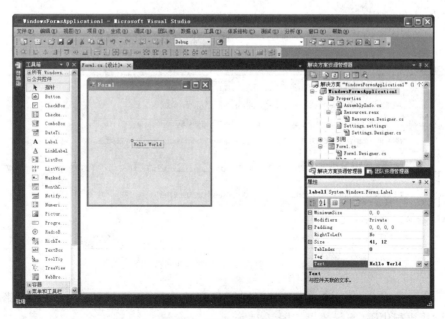

图 2-17　更改 Label 属性

第5步 按Ctrl+F5键或者选择"调试"|"开始执行(不调试)"菜单命令(如图2-6所示),编译并执行代码,运行效果如图2-18所示。

3. Web应用程序中输出"Hello World"

第1步 选择"文件"|"打开"|"项目/解决方案"菜单命令,弹出"打开项目"对话框。

第2步 选择WebApplication1文件夹下的WebApplication1.sln解决方案,单击"打开"按钮,将任务中的Web应用程序打开。

第3步 在"工具箱"面板中选中Label控件拖曳至"div标签中(类似功能标签)",如图2-19所示。

第4步 修改Label标签的Text属性为Hello World并保存文档,修改后的文档如图2-20所示(第8行代码)。

图2-18 Windows窗体应用程序中输出"Hello World"

图2-19 拖曳Label控件

图2-20 更改Label标签Text属性

第5步 按Ctrl+F5键或者选择"调试"|"开始执行(不调试)"菜单命令(如图2-6所示),编译并执行代码,运行效果如图2-21所示。

图 2-21　Web 应用程序中输出 Hello World

任务 2-2　掌握 C♯ 数据类型

【任务描述】

小王刚学习开发,不知道数据在程序中如何记录和使用,查找资料后得知,使用变量保存数据的值,他想知道:不同数据类型,比如姓名、年龄、出生日期等,是否该使用不同类型的变量。

【任务目的】

了解 C♯ 语言数据类型分类。

掌握值类型数据类型的应用。

理解引用类型数据类型的应用。

【任务分析】

数据类型定义一个数据属于哪种类型,在程序执行时,操作系统会分配一块内存给应用程序存储相关的数据。内存是有限的资源,若已填满数据,其他要存储的数据必须等某些数据不用、有多余的空间时才能存入,所以在程序设计时,根据数据特性及预估计范围选一个适合的数据类型是必要的。

【基础知识】

1. 数据类型分类

类型是某类数据的总称,用于确定存储何种信息以及能存储多少信息等,它定义了数据的性质、取值范围以及对数据所能进行的各种操作。C♯ 是一种强类型编程语言,在声明每个变量和常量都要明确指定它的数据类型,以便编译器为其分配内存空间。同时,每个计算为值的表达式也需要指定数据类型,每个方法需要为每个输入参数和返回值指定一个类型。

C♯ 语言的数据类型主要分为两类:值类型和引用类型。

值类型变量本身包含它们的数据,而引用类型变量包含的是指向包含数据的内存块的引用或者叫句柄。从概念上看,其区别是值类型直接存储其值,而引用类型存储对值的引用。

值类型存储在堆栈上,而引用类型存储在托管堆上,要注意区分某个类型是值类型还是引用类型,因为存储位置的不同会有不同的影响。

值类型可以分为简单类型、结构类型和枚举类型三大类。其中,简单类型分为整数类型、字符类型、布尔类型和实数类型 4 种。引用类型分为类、委托、数组和接口 4 种类型。数据类型的结构图如图 2-22 所示,值类型和引用类型之间的关系之间的关系如图 2-23 所示。

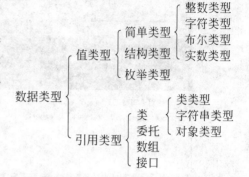

2. 值类型

在具体讲解值类型之前,先了解一下变量的概念。从用户的角度来看,变量就是存储信息的基本单元;从系统的角度来看,变量就是计算机内存中的一个存储空间。

图 2-22　C#的数据类型结构图

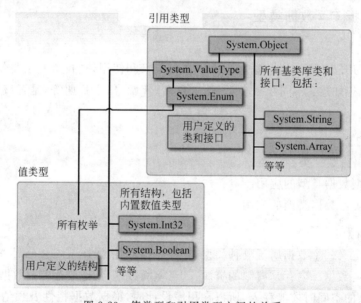

图 2-23　值类型和引用类型之间的关系

值类型最大的特点在于值类型变量中都直接存储了自己的数据,对值类型变量的操作就是直接修改变量中存储的数据,而且对某个变量的操作不会影响其他变量的值。下面简单介绍值类型的简单类型、结构类型、枚举类型这三大类。

(1) 简单类型。从计算机的角度来看,简单类型可分为整数类型、实数类型、字符类型和布尔类型。

小提示:在应用程序中,使用最多的数据类型是字符串(string)、整数(int)、浮点数(double)和日期(date)等类型。

① 整数类型。顾名思义,整数类型变量的值为整数。数学上的整数可以从负无穷大到正无穷大,但是由于计算机的存储单元是有限的,所以计算机语言提供的整数类型的值总是在一定的范围之内。

整数类型是 C#数值类型的一种,C#支持 8 种整数类型,分别是字节型(byte)、短字节型(sbyte)、短整型(ushort)、整型(int)、长整型(long)、无符号短整型(ushort)、无符号整型(uint)、无符号长整型(ulong),如表 2-1 所示。

表 2-1　C#整数类型

C#基本类型	类 型 说 明	范　　围
byte	8 位无符号整型	$0\sim255(0\sim2^8-1)$
sbyte	8 位有符号整型	$-128\sim127(-2^7\sim2^7-1)$
short	16 位有符号整型	$-32\,768\sim32\,767(-2^{15}\sim2^{15}-1)$
int	32 位有符号整型	$-2\,147\,483\,648\sim2\,147\,483\,647(-2^{31}\sim2^{31}-1)$
long	64 位有符号整型	$-9\,223\,372\,036\,854\,775\,808\sim9\,223\,372\,036\,854\,775\,807(-2^{63}\sim2^{63}-1)$
ushort	16 位无符号整型	$0\sim65\,535(0\sim2^{16}-1)$
uint	32 位无符号整型	$0\sim4\,294\,967\,295(0\sim2^{32}-1)$
ulong	64 位无符号整型	$0\sim18\,446\,744\,073\,709\,551\,615(0\sim2^{64}-1)$

int、long 等都是常用的类型,long 型是整型类型中最长的,其次是 int 型,再短的则是 short 类型,这 3 种都代表有符号的整数类型,与之相反,即没有符号的则是 ulong、uint、ushort。如果对一个整型变量是 int、uint、long 或者 ulong 没有任何显示声明,那么这个变量默认为 int 类型。

② 实数类型。实数型数据又称为浮点型数据,C#中的是实数型包含单精度浮点型(float)、双精度浮点型(double)和固定精度浮点型(decimal)3 种,如表 2-2 所示。

表 2-2　C#实数类型

C#基本类型	类 型 说 明	范　　围
decimal	有 28 位小数的高精度浮点数	$\pm1.0\times10^{-28}\sim\pm7.9\times10^{28}$
single(float)	单精度浮点类型	$\pm1.5\times10^{-45}\sim\pm3.4\times10^{38}$
double	双精度浮点类型	$\pm5.0\times10^{-324}\sim\pm1.7\times10^{308}$

实数类型的 3 种数据类型的主要区别在于取值范围和精度不同。计算机对浮点数的运算速度大大低于对整数的运算速度,在对精度要求不是很高的情况下,最好采用 float 类型,即 float 类型适用于较小的浮点数,它的小数位数仅为 7 位,而 double 类型比 float 类型的精度要高一倍(15 位)。但会占用更多的内存单元,处理速度也会相对较慢。精度最高的是 decimal 数据类型,其精度可以达到 28 位小数位,这是 C#专门提供给金融和货币方面计算的数据类型。使用浮点类型时要注意,赋给 float、double、decimal 类型的值必须在最后追加一个字母,字母定义如下:

浮点型数据表示:

1.20f　　　　//或者大写 F

双精度型数据表示:

12.5d　　　　//或者大写 D,不追加字母也可以,默认为 double 类型固定精度浮点型数据表示：

```
25.7m        //或者大写 M
```

③ 字符类型。除了数字以外，计算机处理的信息主要就是字符，字符包括数字字符、英文字母和表达符号等。在过去用于计算机内的字符集是 ASCII 码，现在 C# 提供的字符类型按照国际上公认的标准，采用 Unicode 字符集。一个 Unicode 字符集的标准字符长度为 16 位，用它可以表示世界上大多数语言。

字符型的常量在使用时必须加上单引号，可以按如下方法给字符变量赋值。例如：

```
char s='A';
```

另外，还可以直接通过十六进制转义符(前缀\x)或 Unicode 表示法(前缀\u)给字符变量赋值。例如：

```
char s='\x0032';
char s='\u0032';
```

与 C/C++ 中一样，在 C# 中也存在转义符，用来在程序中指代特殊的控制字符，如表 2-3 所示。

表 2-3　C# 中的转义符

转义序列	字符说明	转义序列	字符说明	转义序列	字符说明
\'	单引号	\a	警告	\r	回车
\"	双引号	\b	退格	\t	水平制表符
\\	反斜杠	\f	换页	\v	垂直制表符
\0	空	\n	换行		

注意：在 C/C++ 中字符型变量的值是该变量所代表的 ASCII 码，字符型变量的值作为整数的一部分，可以对字符型变量使用整数进行赋值和运算，而这在 C# 中是禁止的。

④ 布尔类型。布尔类型只含有两个数值：true 和 false，即真或者假。

注意：在 C/C++ 中用 0 来表示"假"，其他任何非 0 的式子都表示为"真"，这种不正规的表达在 C# 中已经被废弃了。在 C# 中，true 值不能被其他任何非零值所代替。值得注意的是，布尔类型与整数类型完全不同，布尔值不能够用在需要整数值的地方，反之亦然。在布尔类型和整数类型之间不存在任何转换，将整数类型转换成布尔类型也是不合法的。例如：

```
bool i=1;    //错误,不存在这种写法,只能取值 true 或 false
```

(2) 结构类型。将一系列相关的变量组织成为一个单一实体的过程称为生成结构的过程。这个单一实体的类型就叫做结构类型。结构类型可以由不同类型的元素组成，每一个元素称为成员或域。在结构类型中为每个成员指定了一个名称和数据类型，结构可以包含构造函数(constructors)、常量(constants)、域(fields)、方法(methods)、特征(properties)、下标(indexers)、操作符(operators)以及嵌套类型(nest types)。它在形式上和后面介绍的引用类型中的类类型(class types)很相似。结构类型和类类型最大的区别就是，结构类型是值类型而类类型是引用类型。

结构类型在创建诸如点结构、文件类型结构、通讯录结构等一些小型对象时特别灵活。结构类型数据通常直接存储在内存中,数据的存取特别快捷,有利于提高运行速度。但是如果是存储大量数据的结构数组,就可能造成内存资源紧张。在这种情况下,就要使用类类型数据,因为类中的数据是动态编译的,只有当前使用的数据才放到内存中使用。

结构类型的定义方式如下:

[附加声明信息][访问修饰符] struct 结构名 [:包含结构所实现接口的列表]{结构体};

其中带有方括号([])的部分是可选项。即可有可无。

访问修饰符表达不同的保护级别:public、protected、internal、protected internal 和 private。

比如,通讯录的记录中可以包含他人的姓名、电话、生日和地址。如果按照简单类型来管理,每条记录都要存放到3个不同的变量当中,这会造成很大的工作量,且不够直观。我们可以定义通讯录记录结构为:

```
struct PhoneBook
{
    Public string name;             //姓名
    Public string phone;            //电话
    Public DateTime birthday;       //生日
    Public string address;          //地址
}
PhoneBook pq;
```

pq 就是一个 PhoneBook 结构类型的变量,对结构类型的成员的访问,可以通过结构变量加上"."后面跟成名的名称。例如,现在要给结构体中的 name 成员赋一个"张三"的字符串,我们可以这样赋值:

pq.name="张三";

(3)枚举类型。枚举类型是一种独特的值类型,用于声明一组命名的常数,即系统把相同类型、表达固定含义的一组数据作为一个集合放到一起形成一个新的数据类型。

例如,可以把一个星期的7天放到一起形成一个新的数据类型来描述星期,那么这个新的数据类型就是一个枚举类型。实际上,枚举就是为一组在逻辑上密不可分的整数值提供便于记忆的符号。

枚举类型的变量采用 enum 关键字进行声明,比如可以把一个星期的结构定义如下:

```
enum WeekDay
{
    Monday,
    Tuesday,
    Wednesday,
    Thursday,
    Friday,
    Satuarday,
    Sunday
```

```
};
WeekDay day;
```

注意：结构类型是由不同类型的数据组成的一组新的数据类型,结构类型变量的值是各个成员的值组合而成的;而枚举则不同,枚举类型的变量在某一时刻只能取枚举中的某一个元素的值。

比如 day 这个表示星期的枚举类型的变量,它的值只能从一周的7天中选取一个值,而不能是两个值,例如：

```
day=Sunday;
```

按系统默认,枚举中的每个元素类型都是 int 类型,而且第一个元素删去的值为0,它后面的每个连续元素的值按加1递增,在枚举类型中也可以给元素直接赋值。

例如下面的程序,将 Monday 的值设定为1,其后元素的值分别为1,2,…：

```
enum WeekDay
{
    Monday=1,
    Tuesday,
        ⋮
    Sunday
};
WeekDay day;
```

为枚举类型的元素所赋的值的类型限于 long、int、short 和 byte 等整数类型。

3. 引用类型

和值类型相比,引用类型不存储它们所代表的实际数据,而是存储世界数据的引用。

(1) 类类型。类类型定义了一个包括数据成员(常数、域和事件)、函数成员(方法、属性、索引、操作符、构造函数和析构函数)和嵌套类型。类类型支持继承,因为这种机制派生的类可以对基类进行继承和扩展。使用对象创建表达式来创建类类型的实例。

(2) 对象类型。面向对象的语言大都提供一个根类型,层次结构中的其他对象都从它派生而来。C♯就中的这个根类型就是 System.Object,所有内置类型和用户定义的类型都从它派生而来。这样,对象类型就可以用于两个目的：一是可以使用 Object 引用绑定任何子类型的对象;二是对象类型之行许多一般用途的基本方法,包括 Equals()、GetHashCode()、GetType()和 ToString()。

(3) 字符串类型。字符串类型是编程中经常使用的一种类型,但是在 C 或 C++ 中字符串只是一个字符数组,使用起来极不方便。C♯提供了自己的字符串类型,这对字符串的操作,如复制、拼接等就变得非常简单。例如：

```
string str1="我的名字是";
string str2="Lilei";
string str3=str1+str2;
```

字符串类型是应该被引用的类型,string 对象保存在堆上,因此,当把一个字符串变量赋给另一个字符串时,会得到对内存中同一个字符串的两个引用。

常量字符串的值必须用双引号括起来,如果使用单引号,系统就会将它当做字符类型,从而引发错误。

C♯还提供了一种替代方式,就是在字符串的前面加上"@",在这个字符后的所有字符都被看做是其本来的含义,而不解释为转义符,例如:

```
string filename=@"C:\MyDocuments\a.doc";
```

(4) 接口类型。一个接口定义一个协定,实现接口的类或结构必须遵守其协定。一个接口也许会从多个基本接口继承,而一个类或结构可以实现多个接口。

(5) 数组类型。所谓数组就是有序的、同一类型数据的集合。数据是包含多个变量的数据结构,这些变量称为数组的元素,数组元素可以通过索引值进行访问。C♯语言中的数组是从 0 开始的,数组元素必须有相同的类型。

数组声明主要是声明数组的名称和数组所包含的元素的数据类型或元素的类名。C♯支持一维数组和多维数组。

在 C♯语言中,一维数组的声明语法格式如下:

数组元素类型[] 数组名;

其中,数组元素类型可以为 C♯中任意的数据类型。数组名为一个合法的标识符,[]指明该变量是一个数组类型变量。例如:

```
int[] myArray;
```

与 C/C++ 不同,C♯在数组的定义中并不为数组元素分配内存,因此[]中不能指出数组元素的个数,而且,对于上面定义的一个数组是不能访问它的任何元素的,在其前必须使用运算符 new 为它分配内存空间,其格式为:

数组名=new 数组类型[arraySize];

其中,arraySize 指明数组的元素个数。例如:

```
myarray=new int[7];
```

多维数组的声明方式如下:

数组元素类型[,] 数组名;

通常,也可以像一维数组那样,定义与内存分配合在仪器,例如,下面的声明创建了一 4 行 2 列的二维数组:

```
int [,] myArray=new int[4,2];
```

可以在声明数组时进行数组初始化,例如:

```
int [] myArray=new int[]{1,2,3,4,5};
int [,] numbers=new int[3,2]{(1,2),(3,4),(5,6)};
```

(6) 委托类型。委托是一种指向一个静态方法或一个对象的对象实例和对象方法的数据结构。

在 C 或 C++ 中与委托相同的是函数指针,但是功能指针只能指向静态函数,而委托可以指向静态和实例方法。委托不仅存储对于方法的入口点的引用,同时也存储对调用方法的对象实例的引用。

【任务实施】

第 1 步 新建一个控制台应用程序,命名为:cha2_1。在入口函数 Main()中添加代码:首先声明两个整数类型变量 i 和 j,并赋值 500、100;然后定义变量 k,并设置其值的计算方法;最后使用控制台类 Console 把变量 k 的值输出到控制台并显示。代码如下:

```
01 using System;
02 using System.Collections.Generic;
03 using System.Linq;
04 using System.Text;
05 namespace cha2_1
06 {
07     class Program
08     {
09         static void Main(string[] args)
10         {
11             int i=500;
12             int j=100;
13             int k=i+j;
14             Console.Write("500+100=");
15             Console.WriteLine(k);
16         }
17     }
18 }
```

其中:

第 11 和 12 行分别定义了两个整数类型变量 i 和 j 并赋值 5000、100。

第 13 行定义整数类型变量 k 并将 i 和 j 的和赋值给 k。

第 14 行使用 Console 类的 Write()方法表示输出字符串到控制台中,但是结尾处没有换行符。在 Write()方法时,使用双引号表示字符串,内容(500+100=)在双引号内部定义。

第 15 行输出变量 k 的值。

第 2 步 编译并运行代码,运行结果如图 2-24 所示。

图 2-24 整数类型的应用

图 2-24 展示了程序实现了两个整数之间的加法运算,且运算结果正确。

第 3 步 新建一个控制台应用程序,命名为:cha2_2。在入口函数 Main()中添加代码：首先声明两个字符类型变量 c1 和 c2，并赋值；然后使用控制台类 Console 把变量 c1 和 c2 的值输出到控制台并显示。代码如下：

```
01 using System;
02 using System.Collections.Generic;
03 using System.Linq;
04 using System.Text;
05 namespace cha2_2
06 {
07     class Program
08     {
09         static void Main(string[] args)
10         {
11             char c1='C';
12             char c2='字';
13             Console.WriteLine(c1);
14             Console.WriteLine(c2);
15         }
16     }
17 }
```

其中：

第 11 行声明了一个字符类型变量，并赋值一个英文字母。字符类型的赋值需要将所赋值(C)放在单引号。

第 12 行声明了一个字符类型变量，并赋值一个中文汉字，相同的，所赋值(字)需要放在单引号中。与其他语言不同，C♯中的字符类型可以包含两个字符，如中文汉字。

第 13、14 行将两个字符类型变量输出到控制台。

第 4 步　编译并运行代码，运行结果如图 2-25 所示。

图 2-25　字符类型的应用

字符类型(char)表示一个字符，占用 2 个字节。

第 5 步　新建一个控制台应用程序，命名为：cha2_3。在入口函数 Main()中添加代码：首先声明布尔类型变量 b，并赋值；然后使用控制台类 Console 把变量 b 的值输出到控制台并显示。代码如下：

```
01 using System;
02 using System.Collections.Generic;
03 using System.Linq;
```

```
04 using System.Text;
05 namespace cha2_3
06 {
07     class Program
08     {
09         static void Main(string[] args)
10         {
11             bool b=true;              //声明一个布尔类型的变量
12             Console.WriteLine(b);     //输出到控制台
13         }
14     }
15 }
```

其中:
第 11 行声明布尔类型的变量使用关键字 bool,其值只有两个:true 和 false。
第 12 行将布尔类型变量输出到控制台。
第 6 步 编译并运行代码,运行结果如图 2-26 所示。

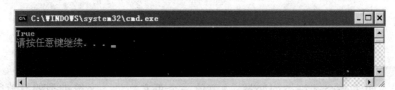

图 2-26 布尔类型的应用

第 7 步 新建一个控制台应用程序,命名为:cha2_4。首先创建 Student 结构体,在入口函数 Main()中添加代码,创建一个 Student 结构对象,并设置其属性值,使用控制台类 Console 把属性值输出到控制台中并显示。代码如下:

```
01 using System;
02 using System.Collections.Generic;
03 using System.Linq;
04 using System.Text;
05 namespace cha2_4
06 {
07     class Program
08     {
09         static void Main(string[] args)
10         {
11             Student stu=new Student();     //创建一个结构对象
12             //设置对象的属性,学号、姓名、成绩
13             stu.Id=201405001;              // 学号
14             stu.Name="李美丽";              //姓名
15             stu.Score=90;                  //成绩
16             //输出到控制台中,并显示出来
17             Console.WriteLine(stu.Id);     //输出学号
```

```
18              Console.WriteLine(stu.Name);       //输出姓名
19              Console.WriteLine(stu.Score);      //输出成绩
20          }
21      }
23      ///< summary>
24      /// 学生信息结构
25      ///< /summary>
26      public struct Student
27      {
28          public long Id;                        //学号
29          public string Name;                    //姓名
30          public double Score;                   //成绩
31      }
32 }
```

其中：

第 11 行使用 new 关键字创建了一个结构实例。

第 13～15 行设置对象的属性值，这些属性包括学号、姓名、分数。

第 17～19 行将 3 个属性值输出到控制台。

第 26～31 行使用关键字 struct 创建 Student 结构，并设置 Id、Name、Score 三个属性。

第 28 行 long 表示长整数类型，是 64 位有符号整数。

第 29 行 string 表示字符串类型，将多个字符组合在一起，以'\0'结尾。

第 30 行 double 表示双精度整数类型，通常用于定义小数。

第 8 步 编译并执行代码，运行效果如图 2-27 所示。

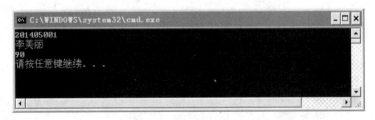

图 2-27 结构类型的应用

知识链接：结构占用栈内存，对其操作的效率要比类高，在使用完后能够自动释放内存分配且容易复制，只需要使用等号就可以把一个结构赋值给另一个结构。

第 9 步 新建一个控制台应用程序，命名为：cha2_5。首先创建 Student 结构体，在入口函数 Main()中添加代码，创建一个 Student 结构对象，并设置其属性值，使用控制台类 Console 把属性值输出到控制台中并显示。代码如下：

```
01 using System;
02 using System.Collections.Generic;
03 using System.Linq;
04 using System.Text;
05 namespace cha2_5
06 {
```

```
07    class Program
08    {
09        static void Main(string[] args)
10        {
11            //声明一个变量i,并通过ReadLine()获取用户输入的信息
12            int i=int.Parse(Console.ReadLine());
13            //条件分支语句
14            switch (i)
15            {
16                case (int)enumWeek.Monday:        //返回1
17                    Console.WriteLine("开始上课");
18                    break;
19                case (int)enumWeek.Wedensday :    //返回3
20                    Console.WriteLine("开例会");
21                    break;
22                case (int)enumWeek.Saturday :     //返回6
23                    Console.WriteLine("好好睡觉");
24                    break;
25                default:
26                    break;
27            }
28        }
29    }
30    ///<summary>
31    ///星期枚举
32    ///</summary>
33    public enum enumWeek
34    {
35        Monday=1,
36        Tuesday=2,
37        Wedensday=3,
38        Thursday=4,
39        Friday=5,
40        Saturday=6,
41        Sunday=7
42    }
43 }
```

其中：

第12行使用int.Parse()让字符串类型转换成整数类型。

第13~21行switch是一个条件分支语句,每个分支使用case关键字来判断是否符合条件,符合则会执行相应的语句块。break是跳转语句,执行完对应的语句后,则会跳出该条件分支语句,并停止执行。

第33行使用enum关键字创建一个枚举类型。

第10步　编译并执行代码,在控制台中输入不同的编码,会显示不同的提示信息,比如

输入 6,提示"好好睡觉",运行效果如图 2-28 所示。

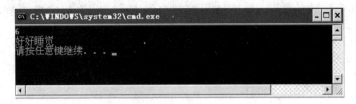

图 2-28　枚举类型的应用

第 11 步　新建一个控制台应用程序,命名为：cha2_6。在入口函数 Main()中添加代码：首先创建两个字符串类型变量 str1 和 str2,并赋值；然后使用控制台类 Console 把变量 str1 和 str2 的值输出到控制台并显示。代码如下：

```
01 using System;
02 using System.Collections.Generic;
03 using System.Linq;
04 using System.Text;
05 namespace cha2_6
06 {
07     class Program
08     {
09         static void Main(string[] args)
10         {
11             string str1="Hello World";
12             string str2="北京欢迎你";
13             Console.WriteLine(str1);
14             Console.WriteLine(str2);
15         }
16     }
17 }
```

其中：

第 11 和 12 行创建了两个字符串类型的变量 str1 和 str2,所赋值放在""…""中将多个字符组合在一起,以"\0"结尾。字符串可以由英文、中文组成,也可包含空格。

第 13 和 14 行将字符串类型变量输出到控制台。

第 12 步　编译并执行代码,运行效果如图 2-29 所示。

图 2-29　字符串的应用

第13步 新建一个控制台应用程序,命名为:cha2_7。在入口函数 Main()中添加代码:首先创建一个整数的数组;然后使用控制台类 Console 将数组输出到控制台并显示。代码如下:

```
01  using System;
02  using System.Collections.Generic;
03  using System.Linq;
04  using System.Text;
05  namespace cha2_7
06  {
07      class Program
08      {
09          static void Main(string[] args)
10          {
11              //创建一个数组,并初始化,添加 6 个整形元素到数组中
12              int[] myArray={0, 1, 2, 3, 4, 5 };
13              //获取数组中索引为 3 的数值,并输出到控制台中
14              Console.Write("数组中的第 3 个索引值为: ");
15              Console.WriteLine(myArray[3]);
16              //获取数组的总长度
17              Console.Write("数组的总长度为: ");
18              Console.WriteLine(myArray.GetLength(0));
19          }
20      }
21  }
```

其中:

第12行使用 int[]定义了一个整数类型的数组,数组的赋值使用大括号表示,不同的索引值使用逗号分隔。

第15行 myArray[3]使用中括号中的索引值来获取对应的数据,数组的索引值是从 0 开始的。

第18行 GetLength()方法可以获取数组的长度,其中参数表示数组的维度,myArray 数组为一维数组,所以参数是 0。

第14步 编译并执行代码,运行效果如图 2-30 所示。

图 2-30 数组的应用

由于数组的索引值是从 0 开始的,所以 myArray[3]输出的值为 3。

【任务小结】
　　本任务介绍 C#语言中的数据类型以及数据类型之间的关系,重点介绍常用数据类型的应用。使用数据类型对数据进行分类,方便地组织数据,数据与数据之间就可以进行比较复杂的运算和处理,掌握数据类型的应用至关重要。

【拓展提高】
1. 隐式类型转换

第 1 步　新建一个控制台应用程序,命名为:cha2_8。在入口函数 Main()中添加代码:首先创建两个整数类型的变量,一个 double 类型变量数组;然后将两个整数类型变量的和赋值给 double 类型;最后使用控制台类 Console 将 double 类型的值输出到控制台并显示。代码如下:

```
01 using System;
02 using System.Collections.Generic;
03 using System.Linq;
04 using System.Text;
05 namespace cha2_8
06 {
07     class Program
08     {
09         static void Main(string[] args)
10         {
11             int i=5;
12             int j=8;
13             double d;
14             //int 类型隐式转换为 double 类型
15             d=i+j;
16             Console.WriteLine(d);
17         }
18     }
19 }
```

其中:
　　第 11 和 12 行声明了两个整数类型变量并赋值。
　　第 13 行声明一个 double 类型变量。
　　第 15 行将两个整数类型变量的和赋值给 double 类型变量,实现隐式类型转换。
　　第 16 行将 d 变量的值输出。
　　第 2 步　编译并执行代码,运行效果如图 2-31 所示。

图 2-31　隐式类型转换

在C#中,只有具有相同数据类型的对象才能够互相操作。很多时候,为了进行不同类型数据的运算,需要把数据从一种类型转换为另一种类型,即进行类型转换。C#中有下面两种转换方式。

(1)隐式转换:无须指明转换,编译器自动将操作数转换为相同的类型(本例)。

(2)显示转换:需指定把一个数据转换成其他类型(下一个示例)。

当两个不同类型的操作数进行运算时,编译器会试图对其进行自动转换,使两者变为同一类型。C#支持的隐式类型转换如表2-4所示。

表2-4 C#支持的隐式类型转换

源 类 型	目 的 类 型
sbyte	short、int、long、float、double、decimal
byte	short、ushort、int、uint、ulong、float、double、decimal
short	int、long、float、double、decimal
ushort	int、uint、long、ulong、float、double、decimal
int	long、float、double、decimal
uint	long、ulong、float、decimal
long、ulong	float、double、decimal
float	double
char	ushort、int、uint、long、ulong、float、double、decimal

不同的数据类型具有不同的存储空间,如果试图将一个需要较大存储空间的数据,转换为存储空间较小的数据,就会出现错误。如将步骤1中的代码进行修改,先定义两个double类型,再定义一个int类型,将double类型转换为int类型,如图2-32所示。

```
1  using System;
2  using System.Collections.Generic;
3  using System.Linq;
4  using System.Text;
5
6  namespace cha2_8
7  {
8      class Program
9      {
10         static void Main(string[] args)
11         {
12             double i = 5;
13             double j = 8;
14             int d;
15             //double转换为int
16             d = i + j;
17             Console.WriteLine(d);
18         }
19     }
20 }
21
```

图2-32 错误的隐式类型转换

编译代码,报错,如图2-33所示。

图 2-33　隐式类型转换报错

2. 显示类型转换

第 1 步　新建一个控制台应用程序,命名为:cha2_9。在入口函数 Main()中添加代码:首先创建两个整数类型的变量,一个 double 类型变量数组;然后将两个整数类型变量的和赋值给 double 类型;最后使用控制台类 Console 将 double 类型的值输出到控制台并显示。代码如下:

```
01 using System;
02 using System.Collections.Generic;
03 using System.Linq;
04 using System.Text;
05 namespace cha2_9
06 {
07     class Program
08     {
09         static void Main(string[] args)
10         {
11             //提示用户输入半径
12             Console.WriteLine("请输入半径: ");
13             //将用户输入的字符串转换为 decimal 类型
14             decimal r=decimal.Parse(Console.ReadLine());
15             //计算圆形的面积
16             decimal area=(decimal)Math.PI * r * r;
17             Console.WriteLine("圆形的面积为: "+Math.Round(area, 4).ToString());
18         }
19     }
20 }
```

其中:

第 14 行使用 decimal 类型的 Parse()方法,将用户输入的字符串显示转换为 decimal 类型。

第 16 行将圆周率(Math.PI)的类型 long 显示转换为 decimal 类型,并计算圆面积。

第 17 行 Math.Round()方法可以使用四舍五入的方式返回指定的小数位数,这里取 4 位小数。使用 ToString()方法,把计算结果显示转换为一个字符串。

第 2 步　编译并执行代码,运行效果如图 2-34 所示。

显示类型转换,又叫做强制类型转换。在有些情况下,若将不能隐式类型转换的数据类型进行数据转换,就需要进行显示类型转换。在示例中使用了 3 种显示转换方法。

(1) 把所要转换的目的数据类型放在圆括号内,例如 decimal area=(decimal)Math.PI * r * r。

(2) 使用 Parse()方法,例如 decimal r=decimal.Parse(Console.ReadLine())。

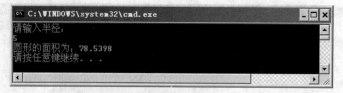

图 2-34 显示类型转换

（3）使用 System.Convert 类中的类型转换方法，例如 Math.Round(area，4).ToString()。

3. 装箱和拆箱

第 1 步　新建一个控制台应用程序，命名为：cha2_10。在入口函数 Main()中添加代码：首先声明一个整数类型的变量 i，将其值输出；然后把 i 装箱成 obj，输出 obj；最后再把 obj 拆箱成变量 i。代码如下：

```
01 using System;
02 using System.Collections.Generic;
03 using System.Linq;
04 using System.Text;
05 namespace cha2_10
06 {
07     class Program
08     {
09         static void Main(string[] args)
10         {
11             int i=50;
12             Console.WriteLine(i);
13             //装箱
14             Object obj=i;
15             Console.WriteLine(obj);
16             obj=60;
17             //拆箱
18             i=(int)obj;
19             Console.WriteLine(i);
20         }
21     }
22 }
```

其中：

第 14 行将 i 装箱成 obj。

第 18 行将 obj 拆箱成 i。

第 2 步　编译并执行代码，运行效果如图 2-35 所示。

隐式和显示类型转换属于不同值类型之间的转换，装箱和拆箱是值类型和引用类型之间的转换。

确切地说，装箱和拆箱的过程是值类型与 Object 类型之间的转换。装箱是把值类型转换为 Object 类型，而拆箱则相反，把 Object 类型转换为值类型。其中，Object 类型是一个内

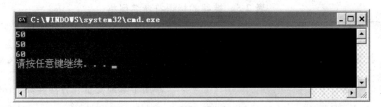

图 2-35　装箱和拆箱

置类型,是所有类型的基类型,是一个不确定类型。

任务 2-3　掌握 C♯中标识符与注释

【任务描述】

小王是个新手,当他把代码给别人看时,别人都会嘲笑他的代码,因为它的代码中命名奇怪,没有规律,而且通篇都没有注释,理解代码不方便。

【任务目的】

掌握 C♯语言标识符的命名规则。

掌握 C♯的注释的写法与使用。

【任务分析】

好的标识符命名、合理规范的注释使得程序更加清晰、易读易懂。

【基础知识】

小提示:本部分内容在初学时,感觉用途不大,实际在企业开发中,是十分重要的,希望读者养成良好的编程习惯。

1. 标识符

标识符是一种字符串,是程序员对程序中各种元素的唯一性标识,通常用户在程序中命名如变量、方法、参数等内容。

Visual C♯的标识符必须遵循下列语法规则:

(1) 只能使用字母、数字和下画线组成。

(2) 必须以字母、下划线或@开始。

(3) Visual C♯的标识符是大小写敏感的。

(4) 标识符不能使用 C♯中预定义的关键字名,但以@符号开头的标识符,允许使用关键字作为标识符。

(5) 标识符不可与 Visual C♯中的类库名相同。

一般情况下,变量名首字母小写,后面各单词首字母大写;而常量名、类名、方法名、属性名等首字母大写,表 2-5 中总结并描述了建议使用的大小写约定。

虽然这是建议的指导方针,但很多组织使用其他约定,尤其是在成员字段的命名方面,有两个公共约定如下:

(1) 字段名称以下划线开头:_highTemp、_lowTemp。

(2) 字段名以 m_开头:m_highTemp、m_lowTemp。

这两种方法都有优势,能立刻显示这些标识符是字段名称。

表 2-5　推荐的标识符命名风格

风格名称	描　　述	使用建议	示　　例
Pascal 式	标识符中每个单词都首字符大写	用于类型名和成员名	CarDeck
Camel 式	除第一个单词以外,标识符中所有的单词都首字母大写	用于本地变量和方法参数	totalCycleCount
全大写	标识符由全大写字母组成	仅用于缩写词	IO,MDA

2. 关键字

关键字是用来定义 C♯ 语言的字符串记号。表 2-6 列出了完整的 C♯ 关键字表。

表 2-6　C♯ 关键字

abstract	as	base	bool	break	byte	case
catch	char	checked	class	const	continue	decimal
default	delegate	do	double	else	enum	event
explicit	extern	false	finally	fixed	float	for
foreach	goto	if	implicit	in	int	interface
internal	is	lock	long	namespace	new	null
Object	operator	out	override	params	private	protected
public	readonly	ref	return	sbyte	sealed	short
sizeof	stackalloc	static	string	struct	switch	this
throw	true	try	typeof	uint	ulong	unchecked
unsafe	ushort	using	virtual	void	volatile	while

关于关键字,要了解:

(1) 关键字不能被用作变量名或任何其他形式的标识符,除非以 @ 字符开始。

(2) 所有 C♯ 关键字全部都由小写字母组成,但是.NET 类型名使用 Pacal 大小写约定。

上下文关键字是仅在特定的语言结构中充当关键字的标识符,用于提供代码中的特定含义,但它不是 C♯ 中的保留字。二者的区别是,关键字不能被用作标识符,而上下文关键字可以在其他部分代码中被用作标识符。某些上下文关键字(如 partial 和 where)在两个或更多个上下文中具有特殊含义。表 2-7 列出了 C♯ 的上下文关键字。

表 2-7　C♯ 的上下文关键字

add	ascending	by	yield	await	descending
dynamic	equals	from	get	global	group
into	join	let	orderby	partial	remove
select	set	value	var	where	where

3. 注释

为了使程序易读,通常要为程序添加注释,即对程序模块、语句或命令做文字注释。运行时,这些文字不会作为命令的一部分而被执行,因而不会影响原来的程序。有时,在调试的过程中,也可以用注释的方法对部分命令做暂时的"删除",以缩小调试范围,待调试结束后再去掉注释符。

符号"//"的单个使用表示所在行的该符号之后的内容为注释,为单行注释符,单行注释的形式如下:

//<单行注释>

组合符号"/*"与"*/"的成对使用表示它们之间的内容为注释,为多行注释符,多行注释的形式如下:

/*<注释内容>*/

【任务实施】

第 1 步　新建一个控制台应用程序,命名为:cha2_1。

第 2 步　在入口函数 Main()中添加代码。首先定义两个不同类型的变量 i 和 s1,给这两个变量赋值,使用控制台类 Console 把变量的值输出到控制台中并显示。代码如下:

```
01 namespace cha2_1
02 {
03     class Program
04     {
05         static void Main(string[] args)
06         {
07             int i=500;
08             string s1="Hello World";
09             Console.WriteLine(i);
10             Console.WriteLine(s1);
11         }
12     }
13 }
```

其中:

第 7 行定义一个 int 型的变量 i,并赋值 500。

第 8 行定义一个 sting 型的变量 s1,并赋值"Hello World"。在给字符串类型的变量赋值时,需要使用双引号把字符串括起来。

第 9~10 行分别对变量 i 和 s1 输出。

第 3 步　编译并执行代码,运行结果如图 2-36 所示。

第 4 步　对第 2 步的代码在编辑器框架中编辑如下代码:

```
01 using System;
02 using System.Collections.Generic;
03 using System.Linq;
```

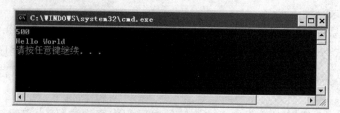

图 2-36　输出整数类型、字符串类型变量

```
04 using System.Text;
05 /////////////////////////////
06 // 本例用来说明注释符的使用      //
07 /////////////////////////////
08 namespace cha2_1
09 {
10     class Program
11     {
12         static void Main(string[] args)
13         {
14             //声明变量,并给变量赋值
15             int i=500;                      //声明变量 i
16             string s1="Hello World";        /*声明变量 s1*/
17             /*输出变量到控制台中*/
18             Console.WriteLine(i);           //输出变量 i
19             Console.WriteLine(s1);          /*输出变量 s1*/
20         }
21     }
22 }
```

其中：

第 5～7 行是对程序的代码段说明。

第 14、15 和 18 行使用"//"方式对代码进行注释。

第 16、17 和 19 行使用"/*……*/"方式对代码进行注释。

第 5 步　按 Ctrl＋F5 键或者选择"调试"|"开始执行(不调试)"菜单命令(如图 2-6 所示)，编译并执行代码，运行效果如图 2-25 所示，与图 2-24 相同，显示注释在代码执行中不起作用，只是为了使代码更加清晰。

【任务小结】

本任务介绍了标识符以及注释的命名规范和使用方法，恰当的标识符、适当的注释，增强系统的可读性，便于查错、修改。

四、项目小结

本项目通过 3 个任务介绍了 C#语言中的核心内容，通过本项目的讲解，读者已经具有学习 ASP.NET 的技术基础了。如果读者还想深入学习 C#语言，请参考相关技术书籍。

五、项目考核

1. 填空题

（1）标识符是一种字符串，是程序员对程序中各种元素的唯一性标识，通常用户在程序中命名如_____、_____、_____等内容。

（2）为了使程序易读，通常要为程序添加注释，即对_____或_____做文字注释。

（3）C♯是 Visual Studio 开发工具中的程序设计语言之一，既可以用来编写基于通用网络协议的_____，也可以编写各种_____、_____和 Windows 窗口界面程序。

（4）编写的 AP.NET 应用程序通常包括_____和_____这两部分的代码。

（5）C♯主要用于开发_____、_____和_____这3种经典的应用程序。

（6）C♯语言的数据类型主要分为两类：_____和_____。

（7）从计算机的角度来看，简单类型可分为_____、_____、字符类型、_____。

（8）_____型是整型类型中最长的，其次是 int 型，最短的则是_____类型。

（9）枚举类型是一种独特的_____，用于声明一组命名的常数，即系统把_____、_____的一组数据作为一个集合放到一起形成一个新的数据类型。

2. 简答题

（1）C♯标识符必须遵循的语法规则是什么？

（2）代码间注释规范是什么？

（3）C♯语言的优势是什么？

（4）新建项目中系统自动添加的 Properties 有什么作用？

（5）引用类型的分类有哪些？

（6）如何声明数组？

3. 上机操作题

（1）创建一个应用程序，使用恰当的标识符和添加适当的注释。

（2）创建一个名称和解决方案的名称为"testWeb"的 Web 应用程序。

（3）创建一个9个整形元素的数组，实现索引值4和5的加法运算。

项目3 内置对象

一、引言

内置对象提供接收通过浏览器请求发送的信息、响应浏览器以及存储用户信息的功能，以实现其他特定的状态管理和页面信息传递。

二、项目要点

掌握内置对象的常用方法和属性。
掌握主要内置对象的区别。

三、任务

任务3-1 获取客户端信息

【任务描述】

小王开发应用程序，需要根据用户的信息提供个性化服务，他需要获取尽可能多的客户端信息，在ASP.NET中，可以使用Page对象获取客户端信息。

【任务目的】

熟悉内置对象的基本用法。
掌握通过Page对象获取和设置页面信息。
掌握Page对象的常用事件如Init事件、Load事件的意义和用法。

【任务分析】

Page对象很像一个调度者，完成响应IIS的HTTP请求，并初始化一些内部对象；初始化页面上的各种控件，恢复ViewState状态，载入页面，生成页面HTML代码等流水线式的工作。

Page对象参与了Web页面从生成到消亡的各阶段，所以通过Page对象的学习，掌握Web页面各阶段执行的方法、使用的消息、保持的数据、呈现的状态等，会对理解和分析程序设计中出现的问题有很大的帮助。

在服务器端获取远程客户端的IP地址和当前网页的标题(Title)，在页面加载时显示在页面中，并判断当前页面是首次加载还是响应客户端回发而加载，并在页面加载时显示在页面中。

【基础知识】

Page对象是由System.Web.UI命名空间中的Page类来实现的，Page类与扩展名为.aspx的文件相关联，这些文件在运行时被编译为Page对象，并缓存在服务器内存中。Page对象提供的常用属性、方法及事件如表3-1所示。

表 3-1　Page 对象常用属性、方法及事件

名　　称	功　能　说　明
IsPostBack 属性	获取一个值,该值表示该页是否正为响应客户端回发而加载
IsValid 属性	获取一个值,该值表示页面是否通过验证
EnableViewState 属性	获取或设置一个值,该值指示当前页请求结束时是否保持其视图状态
Validators 属性	获取请求的页上包含的全部验证控件的集合
DataBind 方法	将数据源绑定到被调用的服务器控件及其所有子控件
FindControl 方法	在页面中搜索指定的服务器控件
RegisterClientScriptBlock 方法	向页面发出客户端脚本块
Validate 方法	指示页面中所有验证控件进行验证
Init 事件	当服务器控件初始化时发生
Load 事件	当服务器控件加载到 Page 对象中时发生
Unload 事件	当服务器控件从内存中卸载时发生

1. IsPostBack 属性

IsPostBack 属性用来获取一个布尔值,如果该值为 True,则表示当前页是为响应客户端回发(例如单击按钮)而加载,否则表示当前页是首次加载和访问。

小提示:很多网页都会使用到这个属性。

例如在页面首次加载时进行一些操作。代码如下:

```
void Page_Load(Object o,EventArgs e)
{
    if (!IsPostBack)
    {
        //如果页面为首次加载,则进行一些操作
        ...
    }
    else
    {
        //如果不是首次加载(响应客户端回发),则进行另外一些操作
        ...
    }
}
```

2. IsValid 属性

IsValid 属性用来获取一个布尔值,该值指示页验证是否成功,如果页验证成功,则为 true;否则为 false。一般在包含有验证服务器控件的页面中使用,只有在所有验证服务器控件都验证成功时,IsValid 属性的值才为 true。

例如使用 IsValid 属性来设置条件语句,输出相应的信息。

```
void Button_Click(Object Sender, EventArgs E)
```

```
    {
        if (Page.IsValid ==true)       //也可写成 if (Page.IsValid)
        {
            mylabel.Text="您输入的信息通过验证!";
        }
        else
        {
            mylabel.Text="您的输入有误,请检查后重新输入!";
        }
    }
```

3. RegisterClientScriptBlock 方法

RegisterClientScriptBlock 方法用来在页面中发出客户端脚本块,它的定义如下:

```
Public virtual void RegisterClientScriptBlock(string key,string script);
```

其中参数 key 为标识脚本块的唯一键,script 为发送到客户端的脚本的内容,客户端脚本刚好在 Page 对象的<form runat= server>元素的开始标记后发出。脚本块是在呈现输出的对象被定义时发出的,因此必须同时包括<script>和</script>两个标记。通过使用关键字标识脚本,多个服务器控件实例可以请求该脚本块,而不用将其发送到输出流两次。具有相同 key 参数值的任何脚本块均被视为重复的。另外最好在脚本周围加入 HTML 注释标记,以便在请求的浏览器不支持脚本时脚本不会呈现。

4. Init 事件

页面生命周期中的第一个阶段是初始化,这个阶段的标志是 Init 事件。在成功创建页面的控件树后,将会触发 Page 对象的此事件。Init 对应的事件处理程序为 Page_Init()。在编程实践中,Init 事件通常用来设置网页或控件属性的初始值。

5. Load 事件

当页面被加载时,会触发 Page 对象的 Load 事件,Load 对应的事件处理程序为 Page_Load(),Load 事件与 Init 事件的主要区别在于,对于来自浏览器的请求而言,网页的 Init 事件只触发一次,而 Load 事件则可能触发多次。

事实上,除了上述两个常用事件,当浏览器给 ASP.NET 页面发送请求时,首先响应的就是与 aspx 页面相关联的 Page 类对象,Page 类在其生命周期内执行的方法按先后顺序的解释如下。

(1) OnPreInit 方法(触发 PreInit 事件),在页面初始化之前发生。ASP.NET 在使用此方法时创建了页面声明定义的控件树,在执行此方法之后,Page 类对象又会自动调用控件树中所有控件的 OnInit 方法,并将控件初始化。所以执行此方法后,程序已经能够访问置于页面的各种控件了,控件的属性被设置为 aspx 源中所定义的初始值。

(2) OnInit 方法(触发 Init 事件),在页面初始化时发生。执行此方法后,页面会跟踪 ViewState 的值。

(3) OnInitComplete 方法(触发 InitComplete 事件),页面初始化完成时发生。如果 IsPostBack 为 True,这个方法执行后,页面还会完成两项非常重要的工作:首先,将触发 PostBack 控件及其触发的相关参数进行解析,称之为把回传事件映射到服务器端事件,实现 IPostBackEventHandler 接口；然后，将解析出来的 ViewState 的值赋给相应控件的相应属性，称之为加载回传数据，实现 IPostBackDataHandler 接口。

（4）OnPreLoad 方法（触发 PreLoad 事件），页面加载入之前发生。

（5）OnLoad 方法（触发 Load 事件），此方法开始时，控件树中的所有控件都已被初始化，并恢复到他们在前一个周期的最后状态（加载回传数据），这时页面就能够安全访问页面中的其他控件了，所以系统提供一个 Page_Load 方法，以便在此事件触发时运行用户自定义的一些程序。

（6）OnLoadComplete 方法（触发 LoadComplete 事件）。

（7）OnPreRender 方法（触发 PreRender 事件）和 OnPreRenderComplete 方法（出发 PreRenderComplete 事件），在页面和控件的 HTML 代码生成之前所先后执行的方法。

（8）OnSaveStateComplete 方法（触发 SaveStateComplete 事件），保存页面控件的 ViewState 值。

（9）Render 方法，没有触发事件，生成页面和控件的 HTML 代码。

（10）OnUnload 方法（触发 Unload 事件），Page 类运行结束时，将释放内存，整个生命周期结束。

由此可以看出一个 aspx 页面就像一个 Windows 的应用程序，从载入内存开始，顺序执行一系列的程序，生成一个结果 HTML，再退出内存。只是这个程序的执行不是由双击鼠标或是运行命令触动的，而是由 IIS 根据 HTTP 请求来触动的。

【任务实施】

第 1 步　选择"文件"|"新建"|"网站"菜单命令，打开"新建网站"对话框，选择"ASP.NET 空网站"，单击"确定"按钮，成功创建一个空网站项目。

第 2 步　光标停留在解决方案管理器中的当前项目根目录上，右击，从弹出的快捷菜单中选择"添加新项"命令，在弹出的对话框中选择"Web 窗体"，单击"添加"按钮，成功添加一个名称为 defalut.aspx 的 ASP.NET 网页。

第 3 步　打开 default.aspx，添加如下代码：

```
<% @Page Language="C# " % >
<script runat="server">
  protected void Page_Load(object sender, EventArgs e)
  {
      StringBuilder sb=new StringBuilder();

      if (Page.IsPostBack)
          sb.Append("You posted back to the page.<br>");

      sb.Append("The host address is "+Page.Request.UserHostAddress+".<br>");
      sb.Append("The page title is \""+Page.Title+"\".");
      PageMessage.Text=sb.ToString();
  }
</script>
```

```html
<html>
<head id="Head1" runat="server">
    <title>Page Class Example</title>
</head>
<body>
    <form id="form1"
        runat="server">
    <div>
    <asp:Label id="PageMessage"
            runat="server"/>
    <br /><br />
    <asp:Button id="PageButton"
            Text="PostBack"
            runat="server" />
    </div>
    </form>
</body>
</html>
```

第 4 步　按 F5 键或单击工具栏上的"启动调试"按钮,运行页面。页面首次加载时,页面内容如图 3-1 所示;然后单击 PostBack 按钮,向服务器提交表单,引发客户端回发,重新加载页面,此时 Page.IsPostBack 属性为 true,页面内容如图 3-2 所示。

小提示：掌握 Visual Stuido 2010 的快捷键,可以提升开发效率。

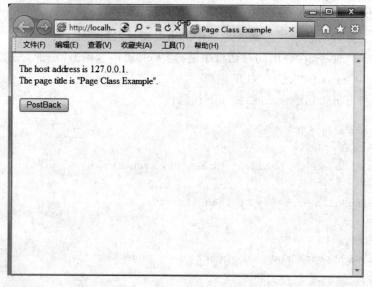

图 3-1　页面首次加载

【任务小结】

本任务介绍了内置对象 Page,重点介绍了 Page 对象的常用属性和事件,以及页面的生命周期。通过实例熟悉了如何获取或设置网页信息,网页的生命周期和每个阶段对应的事

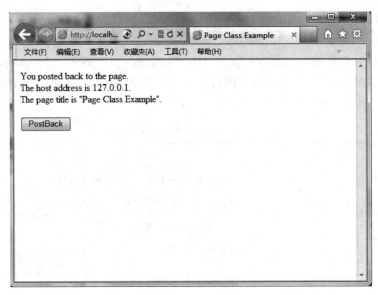

图 3-2 客户端回发加载页面

件和事件产生后如何处理。

任务 3-2 使用 Request 对象求两数之和

【任务描述】

小王遇到这样一个问题：创建一个页面，让用户输入两个整数，提交后计算整数的和并返回给客户端，并提供一个链接列表，包括搜狐、新浪和凤凰网，用户单击列表中的列表项可以重定向到相应的门户网站。

【任务目的】

熟悉 Response 对象和 Request 对象。

掌握使用 Response 对象和 Request 对象响应用户请求的方法。

【任务分析】

Request 对象是从客户端向服务器发出请求，包括用户提交的信息以及客户端的一些信息。客户端可通过 HTML 表单或在网页地址后面提供参数的方法提交数据，然后通过 Request 对象的相关方法来获取这些数据。Request 的各种方法主要用来处理客户端浏览器提交的请求中的各项参数和选项。

Response 对象在 ASP 中负责将信息传递给用户。Response 对象用于动态响应客户端请求，并将动态生成的响应结果返回到客户端浏览器中，使用 Response 对象可以直接发送信息给浏览器，重定向浏览器到另一个 URL 或设置 cookie 的值等。Response 对象在 ASP 编程中非常广泛，也是一种非常好用的工具。

Request 和 Response 对象是内置对象中最常用也是最重要的，是服务器和客户端之间交互的桥梁，Request 和 Response 的学习是 ASP.NET 编程的必经之路。

【基础知识】

1. Response 对象

Response 对象是由类 System.Web.HttpResponse 来实现的。Response 对象用于将 HTTP 响应数据发送到客户端,告诉浏览器响应内容的报头、服务器端的状态信息及输出指定的内容。Response 对象常用的属性及方法如表 3-2 所示。

表 3-2 Response 对象常用属性和方法

名 称	说 明
BufferOutput 属性	获取或设置一个值,该值指示是否缓冲输出
ContentType 属性	获取或设置输出流的 HTTP MIME 类型
Cookies 属性	获取响应 Cookie 集合
Expires 属性	获取或设置该页在浏览器上缓存过期之前的分钟数
IsClientConnected 属性	获取一个值,该值指示客户端是否仍连接在服务器上
Clear 方法	清除缓冲区中的所有内容输出
Flush 方法	刷新缓冲区,向客户端发送当前所有缓冲的输出
End 方法	将当前所有缓冲的输出发送到客户端,停止该页的执行
Redirect 方法	将客户端重定向到新的 URL
Write 方法	将信息写入 HTTP 输出内容流

(1) IsValid 属性。Write 方法用来向客户端输出信息。例如:

Response.Write("现在时间为:"+DateTime.Now.ToString());

可以输出当前的时间。在代码呈现块中,如果只有一个输出语句,例如:

```
<%
Response.Write("内容");
%>
```

则可以简写为:

<%="内容" %>

(2) End 方法。End 方法用来输出当前缓冲区的内容,并中止当前页面的处理。例如程序段:

Response.Write("欢迎光临");
Response.End();
Response.Write("我的网站!");

只输出"欢迎光临",而不会输出"我的网站!"。End 方法常常用来帮助调试程序。

(3) Redirect 方法。在网页中,可以利用超级链接把访问者引导到另一个页面,但访问者必须单击超级链接才可以。有时候需要页面自动重定向到另一个页面,例如,管理员没有登录而访问管理页面,就需要使页面自动跳转到登录页面。Redirect 方法就是用来重定向

页面的,例如:

```
Response.Redirect("login.aspx");
```

可以将当前页面重定向到当前目录下的 login.aspx 页面。也可以转向到外部的网站,例如:

```
Response.Redirect("http://www.sohu.com");
```

可以将当前页面重定向到搜狐主页。

(4) ContentType 属性。ContentType 属性用来获取或设置输出流的 HTTP MIME 类型,也就是 Response 对象向浏览器输出内容的类型,默认值为 text/html。ContentType 的值为字符串类型,格式为 type/subtype,type 表示内容的分类,subtype 表示特定内容的分类。例如:

```
Response.ContentType="image/gif";
```

表示向浏览器输出的内容为 gif 格式的图片。

(5) BufferOutput 属性。BufferOutput 属性用来获取或设置一个布尔值,该值指示是否对页面输出进行缓冲。True 表示先输出到缓冲区,在完成处理整个页之后再从缓冲区发送到浏览器;False 表示不输出到缓冲区,服务器直接将内容输出到客户端浏览器;默认值为 True。

如果使用了 Redirect 方法对页面进行重定向,则必须开启输出缓冲,因为在关闭输出缓冲的情况下,服务器直接将页面输出到客户端,当浏览器已经接收到 HTML 内容后,是不允许再定向到另一个页面的。

2. Request 对象

Request 对象是由类 System.Web.HttpRequest 来实现的。当客户请求 ASP.NET 页面时,所有的请求信息,包括请求报头、请求方法、客户端基本信息等都被封装在 Request 对象中,利用 Request 对象就可以读取这些请求信息。Request 对象常用的属性和方法如表 3-3 所示。

表 3-3 Request 对象常用属性和方法

名 称	功 能 说 明
Browser 属性	获取有关正在请求的客户端的浏览器功能的信息
Cookies 属性	获取客户端发送的 Cookie 的集合
Files 属性	获取客户端上传的文件的集合
Form 属性	获取表单变量的集合
QueryString 属性	获取 HTTP 查询字符串变量集合
ServerVariables 属性	获取 Web 服务器变量的集合
UserHostAddress 属性	获取远程客户端的主机 IP 地址
SaveAs 方法	将 HTTP 请求保存到磁盘

在 Request 对象的属性中,有些表示的是数据集合,像 Cookies、Form 等,获取这些集合中的数据的语法为:

`Request.Collection["key"]`

其中 Collection 为数据集合,key 为集合中数据的关键字,当 Collection 为 Cookies、Form、QueryString、ServerVariables 4 种集合时,其中的 Collection 可以省略,也就是说 Request["key"]与 Request.Cookies["key"]两种写法都是允许的。如果省略了 Collection,则 Request 对象会依照 QueryString、Form、Cookies、ServerVariables 的顺序查找,直至找到关键字为 key 的数据并返回数据值;如果没有找到,则返回 null。建议最好使用 Collection,因为在省略的情况下可能返回错误的值,而且,过多的搜索也会降低程序执行效率。

(1) UserHostAddress 属性。UserHostAddress 属性用于返回用户的 IP 地址。该属性返回一个字符串类型的值。

(2) QueryString 属性。QueryString 属性用于收集来自请求 URL 地址中"?"后面的数据,这些数据称为"查询字符串",也称为"URL 附件信息",通常用来在不同网页之间传递数据。

(3) Browser 属性。Request 对象的 Browser 属性包含众多子属性,用来返回客户端浏览器的信息和客户端操作系统的信息。这些信息有时是必需的,因为客户端使用的浏览器种类或设置不同,对各种 HTML 标记的支持也会有所不同。这导致同一页面在不同浏览器中显示出来的外观有所不同,甚至会出现错误。使用 Request 对象的 Browser 属性集可以在执行代码前对客户端浏览器的状况进行评估,以便有选择地执行某些代码,避免造成不理想或者错误的页面效果。

例如,下面页面会显示关于客户端浏览器的各种信息,用不同浏览器查看该页面会有不同的结果。

```
<%@Page Language="C#" %>

<script runat="server">
    void Page_Load(object sender, EventArgs e)
    {
        HttpBrowserCapabilities bc=Request.Browser;
        list.Text="";
        list.Text +="操作系统: "+bc.Platform+"<br>";
        list.Text +="是否 Win16 系统: "+bc.Win16+"<br>";
        list.Text +="是否 Win32 系统: "+bc.Win32+"<br>";
        list.Text +="---"+"<br>";

        list.Text +="浏览器: "+bc.Browser+"<br>";
        list.Text +="浏览器标识: "+bc.Id+"<br>";
        list.Text +="浏览器版本: "+bc.Version+"<br>";
        list.Text +="浏览器 MajorVersion: "+bc.MajorVersion.ToString()+"<br>";
        list.Text +="浏览器 MinorVersion: "+bc.MinorVersion.ToString()+"<br>";
        list.Text +="浏览器是否测试版本: "+bc.Beta.ToString()+"<br>";
```

```
        <button id="Button1" runat="server" onserverclick="WriteInfo">
            提交</button><br>
        <br><asp:Label runat="server" ID="labContent1" /><br>
        <br><asp:Label ID="labContent2">导航：</asp:Label><br>
        <asp:ListBox ID="lstbox" runat="server" AutoPostBack="true"
        SelectionMode="single"
            Rows="3" OnSelectedIndexChanged="LstClick">
            <asp:ListItem Text="搜狐" Value="1" Selected="false" />
            <asp:ListItem Text="新浪" Value="2" Selected="false" />
            <asp:ListItem Text="凤凰" Value="3" Selected="false" />
        </asp:ListBox>
        <hr>
    </form>
</body>
</html>
```

第3步　按F5键或单击工具栏上的启动调试按钮，运行页面。页面首次加载时，页面内容如图3-3所示；在页面中的两个输入框中分别输入3和5，单击"提交"按钮，提交表单到服务器，返回页面如图3-4所示，服务器将计算结果显示在页面上；单击导航列表框中的"搜狐"、"新浪"、"凤凰"中的任意一项，页面会跳转至相应的网站首页，如图3-5所示。

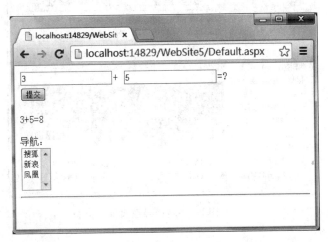

图3-3　页面首次加载

【任务小结】

本任务初步认识使用了Request和Response对象。一个客户端请求是使用Request对象来表示的，而服务器响应会以Response对象来表示。Request对象是ASP.NET中用于提取浏览器中用户输入信息的内置对象。在使用时，用户信息可以通过表单来提交，也可以直接用URL的参数来获取，还可以通过环境变量来提供。Response是ASP.NET用于控制如何将相应发送给用户的内置对象，它提供了丰富的方法和属性用于控制相应的输出方式。

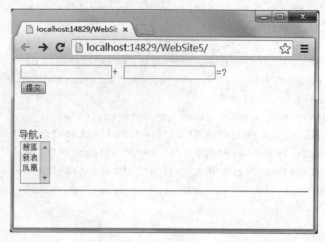

图 3-4　输入数字提交后页面

图 3-5　转向导航页面

任务 3-3　使用 Cookie 保存客户信息

【任务描述】

小王为了方便用户,需要把用户的信息保存起来,实现如下功能:第一个页面让用户选择自己的身高体重以及个人爱好,存入客户端的 Cookie 文件中,然后打开第二个页面,自动读取 Cookie 信息,显示用户的身高和个人爱好。

【任务目的】

熟悉 Cookie 的基本概念和用法。

掌握设置和读取 Cookie 的方法,实现表单自动填写或个性化服务。

```
            list.Text +="是否America Online浏览器: "+bc.AOL+"<br>";
            list.Text +="客户端安装的.NET Framework版本: "+bc.ClrVersion+"<br>";
            list.Text +="是否移动设备: "+bc.IsMobileDevice+"<br>";
            list.Text +="---"+"<br>";
            list.Text +="显示的颜色深度: "+bc.ScreenBitDepth+"<br>";
            list.Text +="显示的近似宽度(以字符行为单位): "+bc.ScreenCharactersWidth+
                "<br>";
            list.Text +="显示的近似高度(以字符行为单位): "+bc.ScreenCharactersHeight+
                "<br>";
            list.Text +="显示的近似宽度(以像素行为单位): "+bc.ScreenPixelsWidth+"<br>";
            list.Text +="显示的近似高度(以像素行为单位): "+bc.ScreenPixelsHeight+"<br>";
            list.Text +="---"+"<br>";

            list.Text +="是否支持CSS: "+bc.SupportsCss+"<br>";
            list.Text +="是否支持ActiveX控件: "+
                bc.ActiveXControls.ToString()+"<br>";
            list.Text +="是否支持JavaApplets: "+bc.JavaApplets.ToString()+"<br>";
            list.Text +="是否支持JavaScript: "+bc.JavaScript.ToString()+"<br>";
            list.Text +="JScriptVersion: "+bc.JScriptVersion.ToString()+"<br>";
            list.Text +="是否支持VBScript: "+bc.VBScript.ToString()+"<br>";
            list.Text +="是否支持Cookies: "+bc.Cookies+"<br>";
            list.Text +="支持的MSHTML的DOM版本: "+bc.MSDomVersion+"<br>";
            list.Text +="支持的W3C的DOM版本: "+bc.W3CDomVersion+"<br>";
            list.Text +="是否支持通过HTTP接收XML: "+
                bc.SupportsXmlHttp+"<br>";
            list.Text +="是否支持框架: "+bc.Frames.ToString()+"<br>";
            list.Text +="超链接a属性href值的最大长度: "+bc.MaximumHrefLength+"<br>";
            list.Text +="是否支持表格: "+bc.Tables+"<br>";
        }
</script>
<html xmlns="http://www.w3.org/1999/xhtml">
<head id="Head1" runat="server">
    <title>ASP .NET获取客户端浏览器信息</title>
</head>
<body>
    <form id="form1" runat="server">
    <div>
        <asp:Label ID="list" runat="server"></asp:Label>
    </div>
    </form>
</body>
</html>
```

【任务实施】

第1步 新建一个空项目,并在该项目中新建一个Web页面。

第 2 步　在页面中添加如下代码：

```
<%@Page Language="C#" %>

<script language="C#" runat="server">

    void LstClick(object serder, EventArgs e)
    {
        int inti;
        for (inti=0; inti <lstbox.Items.Count; inti++)
        {
            if (lstbox.Items[inti].Selected)
            {
                switch (lstbox.Items[inti].Value)
                {
                    case "1":
                        Response.Redirect("http://www.sohu.com"); break;
                    case "2":
                        Response.Redirect("http://www.sina.com.cn"); break;
                    case "3":
                        Response.Redirect("http://www.ifeng.com"); break;
                }
            }
        }
    }

    void WriteInfo(object serder, EventArgs e)
    {
        string strtemp="";
        int intData1, intData2;
        if (Request.Form["data1"] !="" && Request.Form["data2"] !="")
        {
            intData1=Convert.ToInt32(Request.Form["data1"]);
            intData2=Convert.ToInt32(Request.Form["data2"]);
            strtemp=intData1.ToString()+"+"+intData2.ToString()+"=";
            intData1 +=intData2;
            strtemp +=intData1.ToString();
        }
        labContent1.Text=strtemp;
    }
</script>
<html>
<body>
    <form id="Form1" runat="server" enctype="multipart/form-data">
    <asp:TextBox ID="data1" runat="server" />+
    <asp:TextBox ID="data2" runat="server" />=? <br>
```

【任务分析】

在 Web 中处于中心的是 Web 服务器，用来处理客户端的 HTTP 请求。由于 HTTP 是一种无状态的连接协议，对于每个 Web 页面的一次请求都被看作是一次用户的会话，也就是它并不记得上一次谁请求过它，不会主动去询问客户端，只有当客户端主动请求之后，服务器才会响应。这样一来，对于那些需要获知客户端某些信息或者保存服务器与客户端之间的交互信息的网页来说，比如说某用户已经登录网站成功，需要记下该用户的一些登录信息；再如某些网站设有个性化的显示风格，如果没有某种手段可以保存用户的喜好就显得十分不方便，因为用户需要每次登录网站都重新做一次设置。

【基础知识】

1. Cookie 简介

Cookie 是一小段文本信息，伴随着用户请求同页面一起在 Web 服务器和浏览器之间传递。用户每次访问站点时，Web 应用程序都可以读取 Cookie 包含的信息。Cookie 为 Web 应用程序保存用户相关信息提供了一种有用的方法，例如，当用户访问一个网站时，网站程序员可以利用 Cookie 保存用户首选项或其他信息，这样，当用户下次再访问这个网站时，应用程序就可以检索以前保存的信息。

Cookie 的基本工作原理可以通过访问网站的过程来说明。假设用户请求访问网站 www.oneweb.com 上的某个页面时，应用程序发送给该用户的不仅仅只有一个页面，还有一个包含日期和时间信息的 Cookie，用户的浏览器在获得页面的同时还得到了这个 Cookie，并且将它保存在用户硬盘上的某个文件夹中。以后，如果该用户再次访问该网站上的页面，当用户输入 URL：www.oneweb.com 时，浏览器就会在用户本地硬盘上查找与该 URL 相关联的 Cookie。如果该 Cookie 存在，浏览器就将它与页面请求一起发送到网站，应用程序就能读取 Cookie 信息，从而能确定该用户上一次访问网站的日期和时间。程序可以根据这些信息向用户输出相应的消息。Cookie 是与 Web 站点而不是与具体页面关联的，所以无论用户请求浏览网站中的哪个页面，浏览器和服务器都将交换 www.oneweb.com 的 Cookie 信息。用户访问其他网站时，每个网站都可能会向用户浏览器发送一些 Cookie，而浏览器会将所有这些 Cookie 分别保存。

小提示：登录界面打开时，用户名直接显示出来而不用填写的实现技术就是 Cookie。

Cookie 也是一种进行状态管理的方法，它最根本的用途是帮助 Web 应用程序保存有关访问者的信息。例如，购物网站上的 Web 服务器跟踪每个购物者，以便网站能够管理购物车和其他的用户相关信息；一个实施民意测验的网站可以简单地利用 Cookie 作为布尔值，表示用户的浏览器是否已经参与了投票，从而避免重复投票；而那些要求用户登录的网站则可以通过 Cookie 来确定用户是否已经登录过，这样用户就不必每次都输入凭据。因此 Cookie 的作用就类似于名片，它提供了相关的标识信息，可以帮助应用程序确定如何继续执行。

知识链接：在网站中使用 Cookie 存在着一些限制。

(1) 大多数浏览器支持最多可达 4096B 的 Cookie，如果要将为数不多的几个值保存到用户计算机上，这一空间已经足够大，但不能用一个 Cookie 来保存数据集或其他大量数据。

(2) 浏览器限制每个站点可以在用户计算机上保存的 Cookie 数。大多数浏览器只允许每个站点保存20个Cookie。如果试图保存更多的Cookie,则最先保存的Cookie就会被删除。还有些浏览器会对来自所有站点的Cookie总数做出限制,这个限制通常为300个。

（3）用户可以设置自己的浏览器,拒绝接受Cookie。

因此,尽管Cookie在应用程序中非常有用,应用程序也不应该依赖于能够保存Cookie。利用Cookie可以做到锦上添花,但不要利用它们来支持关键功能。如果应用程序必须使用Cookie,则可以通过测试来确定浏览器是否接受Cookie。

2．设置Cookie

可以使用Response对象的Cookies属性来设置Cookie,设置Cookie就是向Cookies集合里添加Cookie对象,Cookie对象是由System.Web.HttpCookie类来实现的,它的常用属性如表3-4所示。

表3-4　Cookie对象常用属性

名　　称	说　　明
Name	获取或设置Cookie的名称
Expires	获取或设置Cookie的过期日期和时间
Domain	获取或设置Cookie关联的域
HasKeys	获取一个值,通过该值指示Cookie是否具有子键
Path	获取或设置要与Cookie一起传输的虚拟路径
Secure	获取或设置一个值,通过该值指示是否安全传输Cookie
Value	获取或设置单个Cookie值
Values	获取在单个Cookie对象中包含的键值对的集合

（1）Name属性。设置一个Cookie,需要通过相应的属性指定一些值。通过Cookie的Name属性来指定Cookie的名字,因为Cookie是按名称保存的,如果设置了两个名称相同的Cookie,后保存的那一个将覆盖前一个,所以创建多个Cookie时,每个Cookie都必须具有唯一的名称,以便日后读取时识别。

（2）Value属性。Cookie的Value属性用来指定Cookie中保存的值,因为Cookie中的值都是以字符串的形式保存的,所以为Value指定值时,如果不是字符串类型则要进行类型转换。

（3）Expires属性。Cookie的Expires属性为DateTime类型,用来指定Cookie的过期日期和时间：Cookie的有效期。Cookie一般都写入到用户的磁盘,当用户再次访问某个网站时,浏览器会先检查这个网站的Cookie集合,如果某个Cookie已经过期,浏览器不会把这个Cookie随页面请求一起发送给服务器,而是适当的时候删除这个已经过期的Cookie。如果不给Cookie指定过期日期和时间,则为会话Cookie,不会存入用户的硬盘,在浏览器关闭后就被删除。应根据应用程序的需要来设置Cookie的有效期,如果利用Cookie来保存用户的首选项,则可以把其设置为永远有效(例如100年),因为定期重新设置首选项对用户而言是比较麻烦的；如果利用Cookie统计用户访问次数,则可以把有效期设置为半年,如果某个用户已有半年时间未访问,则可以把该用户访问次数归0。需要注意的是用户可以随时删除自己计算机上的 Cookie，所以即使设置 Cookie 长期有效，用户也可以自行决定将其全部删除，同时清除保存在 Cookie 中的所有设置。

下面程序段设置一个名字为 userage 的 Cookie，有效期为 3 天。

```
Response.Cookies["userage"].Value=23.ToString();
Response.Cookies["userage"].Expires=DateTime.Now.AddDays(3);
```

也可以先创建一个 Cookie 对象，再添加进 Response.Cookies 集合，下面程序段实现同样的功能。

```
HttpCookie mycookie=new HttpCookie("userage");
//生成一个名字为 userage 的 Cookie 对象
mycookie.Value=23.ToString();                       //设置 cookie 的值
mycookie.Expires=DateTime.Now.AddDays(3);           //设置过期日期和时间
Response.Cookies.Add(mycookie);                     //把 Cookie 对象添加到 Response.Cookies 集合
```

上面程序段中，一个 Cookie 对象只存储了一个值，也可以在一个 Cookie 中存储多个值，这样的 Cookie 称为多值 Cookie，在编程中，常使用它来存储一组相关或类似的信息。多值 Cookie 中，包含一个或多个子键，每个子键对应一个值，可以通过查看 Cookie 对象的 HasKeys 属性来判断是否为多值 Cookie。

下面程序段设置一个名字为 user 的多值 Cookie，包含两个子键 username 和 userage，有效期为 3 天。

```
Response.Cookies["user"]["username"]="张三";
Response.Cookies["user"]["userage"]=23.ToString();
Response.Cookies["user"].Expires=DateTime.Now.AddDays(3);
```

也可以用下面的程序段实现同样的功能。

```
HttpCookie mycookie=new HttpCookie("user");
mycookie.Values["username"]="张三";
mycookie.Values["userage"]=23.ToString();
mycookie.Expires=DateTime.Now.AddDays(3);
Response.Cookies.Add(mycookie);
```

（4）Paht 和 Domain 属性。设置 Cookie 对象的 Path 属性可以把 Cookie 的有效范围限制到服务器上的某个目录中；设置 Cookie 对象的 Domain 属性可以把 Cookie 的有效范围限制到某个域。

3. 读取 Cookie

当用户向网站发出请求时，该网站的 Cookie 会与请求一起发送。在 ASP.NET 应用程序中，可以使用 Request 对象的 Cookies 属性来读取 Cookie 信息。

在读取 Cookie 的值之前，应该确保该 Cookie 确实存在。否则，将得到一个"未将对象引用设置到对象实例"的异常。

例如，读取名字为 username 的 Cookie，并将值显示在 label1 控件中。

```
if (Request.Cookies["username"]!=null)
```

```
{
    Label1.Text=Request.Cookies["username"].Value;
}
```

也可以用另一种方法实现同样的功能,例如:

```
if (Request.Cookies["username"]!=null)
{
    HttpCookie mycookie=Request.Cookies["username"];
    label1.Text=mycookie.Value;
}
```

如果读取的为多值 Cookie,需要使用子键来获得值,例如,下面程序段读取名字为 user,子键为 username 和 userage 的 Cookie 值,并显示在 label1 和 label2 控件中。

```
if (Request.Cookies["user"]!=null)
{
    //下面两语句作用相同
    //label1.Text=Request.Cookies["username"].Values["username"];
    label1.Text=Request.Cookies["username"]["username"];
    label2.Text=Request.Cookies["username"]["userage"];
}
```

4. 修改和删除 Cookie

有时,会需要修改某个 Cookie,更改其值或延长其有效期等。尽管可以从 Request.Cookies 集合中获取 Cookie 并对其进行操作,但 Cookie 本身仍然存在于用户硬盘上的某个地方。因此,修改某个 Cookie,实际上是指用新的值创建新的 Cookie,并把该 Cookie 发送到浏览器,覆盖客户机上旧的 Cookie。

删除 Cookie 是修改 Cookie 的一种形式。由于 Cookie 位于用户的计算机中,所以无法直接将其删除。但是,可以修改 Cookie 将其有效期设置为过去的某个日期,从而让浏览器删除这个已过期的 Cookie。

【任务实施】

第 1 步 选择"文件"|"新建"|"网站"菜单命令,打开"新建网站"对话框,选择"ASP.NET 空网站",单击"确定"按钮,成功创建一个空网站项目。

第 2 步 光标停留在解决方案管理器中的当前项目根目录上,右击,从弹出的快捷菜单中选择"添加新项"命令,在弹出的对话框中选择"Web 窗体",单击"添加"按钮,成功添加一个名称为 defalut.aspx 的 ASP.NET 网页。

第 3 步 打开 default.aspx,添加如下代码:

```
<%@Page Language="C#" %>

<script language="C#" runat="server">
    void butclick(object serder, EventArgs e)
    {
        int inti;
```

```
            HttpCookie cookie=new HttpCookie("pereference");
            DateTime dn=DateTime.Now;
            TimeSpan ts=new TimeSpan(30, 0, 0, 0);
            cookie.Expires=dn+ts;
            for (inti=0; inti <=lstboxsports.Items.Count -1; inti++)
            {
                if (lstboxsports.Items[inti].Selected)
                    cookie.Values.Add("sports", lstboxsports.Items[inti].Value);
            }
            cookie.Values.Add("height", txtheight.Text);
            cookie.Values.Add("weight", txtweight.Text);
            Response.AppendCookie(cookie);
            labcontent.Text="您的运动偏爱已经记录下来了！";
        }
</script>
<html>
<body>
    <form id="Form1" runat="server">
    身高<asp:TextBox ID="txtheight" runat="server" /><br>
    体重<asp:TextBox ID="txtweight" runat="server" /><br>
    请选择您的运动偏爱<br>
    <asp:ListBox ID="lstboxsports" runat="server" SelectionMode="single">
        <asp:ListItem Value="健美操">健美操</asp:ListItem>
        <asp:ListItem Value="跑步">跑步</asp:ListItem>
        <asp:ListItem Value="游泳">游泳</asp:ListItem>
    </asp:ListBox>
    <br>
    <asp:Button runat="server" ID="yes" Text="选择" OnClick="butclick" /><br>
    <asp:Label runat="server" ID="labcontent" />
    </form>
</body>
</html>
```

第 4 步　按 F5 键或单击工具栏上的"启动调试"按钮，运行页面。页面首次加载时，页面内容如图 3-6 所示。

第 5 步　在输入框中输入自己的身高和体重，在列表框中选择自己的爱好。单击"选择"按钮，返回页面如图 3-7 所示，提示用户信息已经记录下来。

第 6 步　修改 default.aspx，修改后的代码如下：

```
<%@Page Language="C#" %>

<html>
<script language="C#" runat="server">
    protected void Page_Load(object sender, EventArgs e)
    {
```

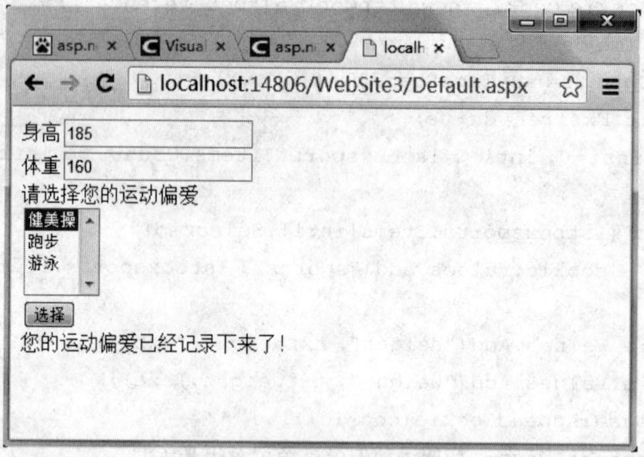

图 3-6 页面首次加载

图 3-7 单击"选择"后的页面

```
        string strtemp;
        strtemp="您的个人信息记录如下："+"<br>";
        strtemp+="运动偏爱="+Request.Cookies["preference"]["sports"]+"<br>";
        strtemp+="身高="+Request.Cookies["preference"]["height"].ToString()+
                "<br>";
        strtemp +="体重="+Request.Cookies["preference"]["weight"].ToString()+
                "<br>";
        labcontent.Text=strtemp;
    }

</script>
<body>
    <form id="Form1" runat="server">
        <asp:Label runat="server" ID="labcontent" />
    </form>
</body>
```

```
</html>
```

第 7 步 按 F5 键或单击工具栏上的"启动调试"按钮,运行页面,页面效果如图 3-8 所示,服务器直接在 Cookie 中读取了客户的个人信息,并显示出来。

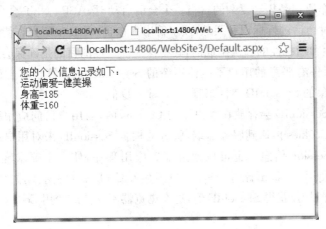

图 3-8 读取 Cookie 显示用户信息

【任务小结】

Cookie 是用来在客户端和服务器之间进行交换的小段信息。Cookie 有会话 Cookie 和永久 Cookie 两种形式。会话 Cookie 是临时性的,保存在用户的内存中而不是在硬盘上,只有浏览器打开时才会存在,一旦会话结束或超时,相应的 Cookie 就会被删除。永久 Cookie 则是永久性地存储在硬盘上,并且在指定的过期日期之前一直可以使用。

任务 3-4 使用 Session 控制访问

【任务描述】

小王的网站开发结束,客户却不满意,因为不登录也可以访问系统,安全性得不到保障。因此需要添加访问控制。

本任务创建一个多页面的网站,只有当用户登录成功以后才能访问其他页面,如果直接访问其他页面则需要判断用户是否已经登录成功,如果未登录成功则自动定位到用户登录页面。

【任务目的】

了解 Session 对象的作用。

掌握使用 Session 对象来记录用户信息的方法。

【任务分析】

在 Web 应用程序和网站中,往往存在一些比较特殊的页面,需要记录用户和客户端之间会话产生的一些信息。比如,用户登录网站后,应该记录下用户的登录信息,用户访问网站的其他页面时,可以根据当前会话用户的登录情况为用户开启不同的操作权限。不同的页面需要验证用户是否已经登录,以及用户属于什么权限级别。其中内置对象 Session 就是用来保存会话信息的。

【基础知识】

小提示：Session 是为了弥补网页的不足出现的技术，因此几乎每个应用程序都会使用到 Session 对象。

Session 的工作原理是相当复杂的。当一个会话启动时，ASP.NET 会自动产生一个长的 SessionID 字符串对会话进行标识和跟踪，该字符串只包含 URL 中所允许使用的 ASCII 字符，是使用保证唯一性和随机性的算法生成的，其中保证唯一性的目的是确保会话不冲突，保证随机性的目的是确保怀有恶意的用户不能使用新的 SessionID 来计算现有会话的 SessionID，可以通过 Session 对象的 SessionID 属性来查看 SessionID 值。

通常情况下，SessionID 会存放在客户端的 Cookies 内，当用户访问应用程序任何页面时，SessionID 会通过 Cookies 传递到服务器端，服务器根据 SessionID 来对用户进行识别，就可以返回用户对应的 Session 信息。也可以通过配置应用程序，使在不要求客户端浏览器支持 Cookies 的情况下使用 Session，此时，SessionID 不存入 Cookies，而是自动嵌套在 URL 中，服务器可以通过请求的 URL 获得 SessionID 值，这在浏览器不支持或禁用 Cookies 功能的情况下非常有用。

知识链接：Session 是为了弥补网页访问无状态而设计的，通过 Session 使用可以对系统的权限进行控制等。

根据配置应用程序的方式，Session 中信息的存储位置可以是 ASP.NET 进程、状态服务器、SQL Server 数据库，ASP.NET 在相应的位置根据 SessionID 值存储或读取个人状态信息。

Session 的生命周期是有限的，默认为 20 分钟，可以通过 Session 对象的 Timeout 属性来设置。在 Session 的生命周期内，Session 的值是有效的，如果用户在大于生命周期的时间里没有再访问应用程序，Session 就会自动过期，Session 对象就会被释放，其存储的信息也就不再有效。

Session 对象常用的属性和方法如表 3-5 所示。

表 3-5 Session 对象常用属性和方法

名 称	功 能 说 明
Count 属性	获取会话状态集合中的对象个数
TimeOut 属性	传回或设置 Session 对象变量的有效时间，如果在有效时间内有没有任何客户端动作，则会自动注销
Mode 属性	获取当前会话状态的模式
Add 方法	创建一个 Session 对象
Abandon 方法	该方法用来结束当前会话并清除对话中的所有信息，如果用户重新访问页面，则可以创建新会话
Clear 方法	此方法将清除全部的 Session 对象变量，但不结束会话
Remove 方法	移除指定的 Session 对象变量

【任务实施】

第 1 步 创建一个空网站项目，并在新项目下添加 3 个窗体，分别命名为 index.aspx、login.aspx 和 admin.aspx。

第2步 在解决方案资源管理器中,光标移动至 index.aspx,右击,从弹出的快捷菜单中选择"设为起始页",将 index 作为项目的起始页面。

第3步 打开 index.aspx,添加如下代码:

```
<%@Page Language="C#" %>
<html>
<head id="Head1" runat="server">
    <title>主页</title>
</head>
<body>
    <form id="form1" runat="server">
    <div>
            这是网站首页,管理员需<a href="login.aspx">登录</a>才能进入
        <a href="admin.aspx">管理页面</a>。
    </div>
    </form>
</body>
</html>
```

第4步 打开 login.aspx,添加如下代码:

```
<%@Page Language="C#" %>

<script runat="server">
    protected void Button1_Click(object sender, EventArgs e)
    {
        //定义登录失败时弹出信息框的客户端脚本
        string strno="<script>alert('用户名或密码不正确!');<"+"/script>";
        //判断是否为管理员,在实际应用中,用户名和密码一般都存在数据库中
        //应先从数据库中读出再进行判断
        if (username.Text =="张三" && userpass.Text =="1234567")
        {
            //登录成功,把用户名和密码都存入 Session 对象中
            Session["username"]=username.Text;
            Session["userpass"]=userpass.Text;
            //把页面转向到 admin.aspx
            Response.Redirect("admin.aspx");
        }
        else
        {
            //登录不成功,并弹出信息
            Page.RegisterClientScriptBlock("loginno", strno);
        }
    }
</script>
```

```
<html>
<head id="Head1" runat="server">
    <title>登录页面</title>
    <style type="text/css">
        .style1
        {
            width: 90%;
        }
        .style2
        {
            height: 20px;
        }
        .style3
        {
            height: 20px;
            width: 358px;
        }
    </style>
</head>
<body>
    <form id="form1" runat="server">
    <table align="center" class="style1">
        <tr>
            <td align="center" colspan="2">
                管理员登录</td>
        </tr>
        <tr>
            <td align="right" class="style3">
                姓名    
            </td>
            <td class="style2" width="50%">
                <asp:TextBox ID="username" runat="server"></asp:TextBox>
            </td>
        </tr>
        <tr>
            <td align="right" class="style3">
                密码    
            </td>
            <td class="style2">
                <asp:TextBox ID="userpass" runat="server" TextMode="Password">
                </asp:TextBox>
            </td>
        </tr>
        <tr>
            <td align="center" colspan="2">
```

```
            <asp:Button ID="Button1" runat="server" onclick="Button1_Click"
                Text="登录" />
            </td>
        </tr>
    </table>
    </form>
</body>
</html>
```

第 5 步　打开 admin.aspx，添加如下代码：

```
<%@Page Language="C#" %>
<script runat="server">
    private void Page_Load(object sender, System.EventArgs e)
    {
        //判断相应的 Session 信息是否存在
        if (Session["username"] !=null && Session["userpass"] !=null)
        {
            //相应的 Session 信息存在,进一步判断是否为管理员
            string username=Session["username"].ToString();
            string userpass=Session["userpass"].ToString();
            if (username !="张三" || userpass !="1234567")
            {
                //不是管理员,自动转到登录页面并终止执行当前页
                Response.Redirect("login.aspx", true);
            }
        }
        else
        {
            //相应 Session 信息不存在,自动转到登录页面并终止执行当前页
            Response.Redirect("login.aspx", true);
        }
    }
</script>

<html xmlns="http://www.w3.org/1999/xhtml">
<head id="Head1" runat="server">
    <title>管理页面</title>
</head>
<body>
    <form id="form1" runat="server">
    <div>
        <span>管理员：你现在可以对网站进行管理了!</span></div>
    </form>
</body>
</html>
```

第 6 步 按 F5 键或单击工具栏上的"启动调试"按钮,运行页面,页面效果如图 3-9 所示。

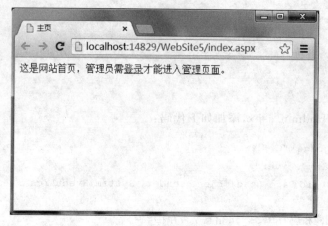

图 3-9 index.aspx 页面效果

第 7 步 单击 index.aspx 页面上的"登录"超链接,进入 login.aspx 页面,或者单击"管理页面"超链接,结果系统并未进入管理界面,而是重定向到了 login.aspx 页面。login.aspx 页面效果如图 3-10 所示。

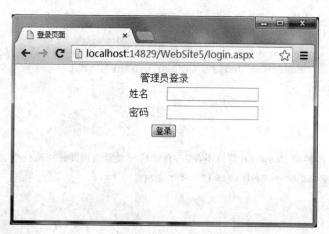

图 3-10 login.aspx 页面效果

第 8 步 在 login.aspx 页面中输入姓名:张三,密码:1234567。单击登录,登录成功,系统会自动跳转到 admin.aspx 页面,页面效果如图 3-11 所示。返回 index.aspx,再次单击"管理页面"超链接,系统不会再重定向到 login.aspx 页面,而是进入 admin.aspx,因为用户已经登录成功,用户的登录信息已经保存在 Session 中。

【任务小结】
Session 对象的作用是在服务器端存储特定信息,但与 Application 对象存储信息是完全不同的,Application 对象存储的信息是整个应用程序共享的全局信息,每个客户访问的是相同的信息,而 Session 对象存储的信息是局部的,是特定于某一个用户的,Session 中的信息也称为会话状态。利用 Session 对象,可以在客户访问一个页面时,存储一些信息,当

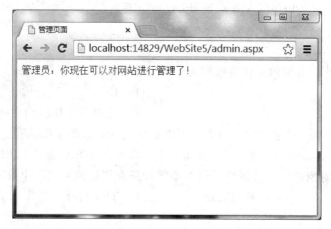

图 3-11　login.aspx 页面效果

转到下一个页面时,再取出信息使用,比如,在设计论坛网站时,可以在客户登录成功后把用户名和密码存入 Session,在其他发帖页面或回复页面,就可以直接使用 Session 中的用户名和密码来判断客户是否有权限进行操作,而不需要让客户再次输入用户名和密码。在购物车程序中,也常用 Session 来保存用户在浏览商品过程中所购物品的信息。

四、项目小结

本项目通过 4 个任务讲解了 ASP.NET 的内置对象,内置对象在 ASP 时代十分重要,在 ASP.NET 中使用频率下降不少,但仍然是开发中不可或缺的技术,尤其是 Session 对象,是一个成熟系统必不可少的一项技术。

五、项目考核

1. 填空题

（1）Request 对象的_____属性用来获取 HTTP 查询字符串变量的集合。

（2）_____对象可以输出信息到客户端,包括直接发送信息给浏览器、重定向浏览器到另一个 URL 或设置 Cookie 对象。

（3）_____对象为当前用户会话提供信息,还提供对可用于存储信息的会话范围的缓存的访问,以及控制如何管理会话的方法。

2. 选择题

（1）Server 对象的 ScriptTimeout 属性可以获取或设置页面超时时间,它的超时时间默认值为(　　)秒。

　　A. 100　　　　　　B. 90　　　　　　C. 120　　　　　　D. 60

（2）下面程序执行完毕,页面上显示的内容是(　　)。

Response.write("<a href='http://www.baidu.com'>百度</a>")

　　A. 百度（超链接）

B. <a href='http://www.baidu.com'>百度</a>

C. 百度

D. 语法错误

(3) Application 对象的默认有效期为(　　)分钟。

　　A. 10　　　　　　　　　　　　B. 15

　　C. 20　　　　　　　　　　　　D. 应用程序从启动到结束

(4) 通过 Request 对象的(　　)方法可以获取当前请求的虚拟路径。

　　A. Path　　　　B. MapPath　　　C. QueryString　　　D. Browser

(5) Session 对象的(　　)属性可以帮助统计正在使用的对象的个数。

　　A. Add　　　　B. Clear　　　　C. TimeOut　　　　D. Count

3. 简答题

(1) 简述如何把页面重定向到另外一个页面。

(2) 简述 Session 对象的有效时间。

(3) Request 对象如何获取客户端和浏览器信息？

4. 上机操作题

编程实现登录。目标如下：

(1) 登录成功后，下次登录时，用户名直接填好，不再需要用户再次输入。

(2) 实现页面访问的控制：不登录不能访问登录后的页面，IP 地址必须在某一个范围内才能访问。

项目 4 服务器控件

一、引言

当前,应用程序都是使用网页作为系统入口,系统的用户接口就是网页,足可见网页是最基本的也是最重要的载体。在 ASP.NET 中网页的设计主要使用控件,ASP.NET 提供的控件能够极大地提高开发效率。

ASP.NET 服务器控件是 ASP.NET 提供的控件中最重要的控件,同时也是非常基础的内容。ASP.NET 的服务器控件可以分为几大类。

(1) HTML 服务器控件:简单封装 HTML 元素的控件。

(2) Web 服务器控件:这些控件不但具有 HTML 的功能,而且提供了更多有用的属性和方法,使开发人员更容易定义和访问,是本项目的重点。

(3) 验证控件:对数据进行验证的控件。

(4) 数据控件:显示大量数据的控件,本项目不涉及,会在后续项目中学习。

(5) 导航控件:具有导航功能的控件,如菜单等。

(6) ASP.NET AJAX 控件:在不用编写客户端代码的基础上实现 AJAX。本项目不涉及,会在后续项目中学习。

二、项目要点

本项目通过 4 个任务讲解 Web 服务器控件、验证控件、导航控件以及母版页的使用,要求掌握服务器控件的基本概念;掌握常用 Web 服务器控件的主要属性及其使用;掌握验证控件验证数据的方法;掌握使用导航控件设计网页导航方法;掌握网页设计中母版页的设计和使用方法。

三、任务

任务 4-1 使用服务器控件设计注册页面

【任务描述】

小王本来在学习 ASP 技术,页面开发总是麻烦不断,令他苦恼不已。周围的朋友告诉他,ASP.NET 开发网页方便高效,很多问题都能迎刃而解。因此他试着使用 ASP.NET 开发注册页面。

【任务目的】

(1) 掌握 TextBox、Label、Button 等控件的主要属性。

(2) 掌握 TextBox、Label、Button 等控件在网页设计中的使用。

(3) 使用常用的 Web 服务器控件实现注册页面效果。

【任务分析】

在 ASP 和 JSP 技术中,网页的设计与制作是比较麻烦的,需要使用 HTML 编写一个一个的输入或录入控件,还需要在脚本中逐一获取页面的 Request 参数值,而在 ASP.NET 中,微软公司创造性地使用可视化控件技术制作网页,技术门槛低、开发速度快。

本任务使用 ASP.NET 常用控件实现注册功能,常用控件包括 TextBox、Label、Button、DropDownList、RadioButtonList、CheckBoxList 等控件。本任务只是页面设计和制作,注册实际还需要把注册的数据保存到数据库,这里不涉及,在后续项目中才会讲解到。

【基础知识】

1. Web 服务器控件

Web 服务器控件是指运行在服务器端并将实际内容呈现在浏览器的.NET 类。Web 服务器控件除了提供 HTML 服务器的功能外,还提供如下功能。

(1) 功能丰富的对象模型,该模型具有类型安全编程功能。

(2) 对于某些控件,可以使用 Templates 定义自己的控件布局。

(3) 支持主题,可以使用主题为站点中的控件定义一致的外观。

(4) 可将事件从嵌套控件传递到容器控件。

Web 服务器控件具有一些公共属性,比如字体、颜色、样式等,这些公共属性主要如表 4-1 所示。

表 4-1 Web 服务控件公共属性

名 称	说 明
AccessKey	控件的快捷键
Attributes	控件上未有公共属性定义但仍需呈现的附加属性集合
BackColor	控件的背景色
BorderColor	控件的边框颜色
BorderWidth	控件边框的宽度(前提是有边框)
BorderStyle	控件的边框样式(前提是有边框),可能的值包括 NotSet、None、Dotted、Dashed、Solid、Double、Groove、Tidge、Inset 和 Outset
cssClass	分配给控件的级联样式表(CSS)类
Sytle	作为控件的外部标记上的 CSS 样式属性呈现的文本属性集合
Enabled	当此属性设置为 true 时,控件起作用,默认值为 true
EnableTheming	当此属性设置为 true 时,对控件启用主题
Font	控件的字体信息
ForeColor	控件的前景色
Hight	控件的高度
SkinId	要应用的控件的外观
TabIndex	控件 Tab 键的顺序位置

续表

名 称	说 明
ToolTip	当用户将鼠标指针定位在控件上方时显示的文本
Width	控件的宽度

2. 常用的标准控件

标准服务器控件在 ASP.NET 内置框架之中是预先定义的,而且大部分都是非复合控件、最为常用的控件。标准控件在 Visual Stuido 2010 的工具箱中,打开 Visual Studio 工具箱,默认打开的就是标准服务器控件,如图 4-1 所示。

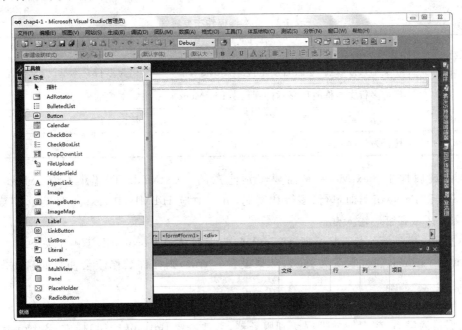

图 4-1 工具箱中的标准控件

所有控件的使用都很简单,即把它从工具箱中拖入页面的设计视图中,或是在页面的设计视图中选中位置,在工具箱中双击要使用的控件。

知识链接:使用控件可以快速设计制作网页,但是默认的网页呈现效果不是很理想。如果想设计漂亮的网页,还需要学习 CSS 知识,本书不涉及这部分知识。

3. Label 控件

Label 控件在 Web 应用的下列情况中使用:

(1) 希望显示的文本不能被用户更改。

(2) 当触发事件时能够在运行时更改。

在通常情况下,Label 控件是不被引用的,很多程序员不修改其 ID 是一个错误的习惯;为了系统的维护,需遵循良好的命名规范。本书为了学生学习方便,很多控件的 ID 都采用系统默认,这样可以减少学习的难度;但是不符合命名规则,因此请学生在熟悉技术后,自觉培养良好的习惯。

小提示:良好的编程习惯是根据意义给每一个对象命名。

开发过程中,如果只是为了显示文本或是 HTML 静态效果,不推荐使用 Lable 控件,因为服务器控件过多会导致性能问题。可以考虑使用静态的 HTML,因为这样页面解析速度更快,效率更高。

小提示:静态内容效率明显高于动态内容。

4. TextBox 控件

在 Web 应用程序中,通常需要和用户进行交互,这也是动态和静态的主要区别,这时就需要 TexBox(文本框)控件,文本框控件是在动态交互时,也是整个 Web 应用中使用最为频繁的一个控件。

文本框控件的主要属性如表 4-2 所示。

表 4-2 文本框控件主要属性

名 称	说 明	名 称	说 明
AutoPostBack	在文本修改以后,是否自动重传	Rows	作为多行文本框时所显示的行数
Columns	作为多行文本框时所显示的列数	TextMode	文本框的模式
MaxLength	用户输入最大字符数	Wrap	是否换行
ReadOnly	是否为只读		

在关键属性中 TextMode 是需要特别注意的,TextMode 的值有 3 个:SingleLine、MultiLine 和 Password,即单行、多行和密码,分别对应 HTML 中 text、textarea,即普通文本框、文本区域和密码输入框。

小提示:密码输入框一定要设置 TextMode 属性值为 Password,否则不安全。

AutoPostBack 属性默认为 false,如果设置为 true,则控件被修改会使页面自动发回到服务器。

5. Button 控件

数据录入完后,想要把数据提交到服务器,常常需要 Button(按钮)控件,Button 控件能够触发事件将网页中的信息回传给服务器。

Button 控件主要有 3 个属性:

(1) Causes Validation,按钮是否导致激发验证检查;

(2) CommandArgument,与此按钮相关的命令参数;

(3) ValidationGroup,使用该属性可以指定单击按钮时调用页面上的那些验证程序。

Button 的主要事件是 Click 事件,一般页面上都会有一个或多个 Button,需要在 Button 的 Click 方法中写代码,以实现单击按钮之后的程序处理。

6. DropDownList 控件

DropDownList 控件为用户提供多个选项,要求用户从选项中选择其中一项,这样能避免用户输入错误的数据,为程序的后续处理提供一致数据。

DropDownList 的选项可以是静态的,也可以是动态的,静态的是指在程序运行前选项已经编写好了,动态是指在程序运行时,选项还没有确定,在使用下拉框时,才确定其选项。另外 DropDownList 的值可以在页面上设置好,也可以从后台读取,比如从数据库读取,然后在页面上显示出来。

DropDownList 控件的常用属性如表 4-3 所示。

表 4-3 DropDownList 控件的常用属性

名 称	说 明
Items	获取或设置 DropDownList 控件项的集合,每一项都是一个 ListItem 对象
Selected	表示某个选项是否被选中
SelectedIndex	获取 DropDownList 控件被选中项的索引值
SelectedItem	获得 DropDownList 控件选中的项,是一个 ListItem 对象
SelectedValue	获得 DropDownList 控件被选中的值

获取 DropDownList 控件用户选中值使用 DropDownList.SelectedValue 即可。

小提示:实际项目中,DropDownList 的数据大多是从数据库读取的,优点是灵活且易维护。

7. RadioButtonList 控件

RadioButtonList 控件也是一种供用户选择选项的控件,也是一次只能选择一项,其选项也是 ListItem 对象,除外观和 DropDownList 控件差别很大之外,其内容和使用与 DropDownList 控件基本相同。

8. CheckBoxList 控件

CheckBoxList 控件和 RadioButtonList 控件在显示形式上基本相同,是指在选项前的选择框一个是方框、一个是圆形的。其选项也是 ListItem 的一个集合,这点和 DropDownList 以及 RadioButtonList 都是一样的。不同的是 CheckBoxList 控件可以多选,因此获取用户选择项的代码差别很大。如果使用 CheckBoxList.SelectedValue 获取的是用户选中的第一项,如果用户选中的是多项,则第一项之后的所有选项选中的值无法获取,因此要想获取 CheckBoxList 控件的用户选择值,必须使用循环,一个选项一个选项地判断用户是否选择,具体获取值的方法参见任务实施过程。

知识链接:除了上述控件外,还有很多控件,比如 RadioButton、CheckBox、ListBox、Panel、HyperLink 等控件,由于使用频率远小于上述几种且使用特别简单,因此不再详细介绍,有兴趣的读者可以从网上搜索。

【任务实施】

小提示:任务实施过程主要掌握拖放控件,修改控件的属性,编写简单事件代码。

第 1 步 新建网站 chap4-1,添加新项"Web 窗体",使用默认名 Default.aspx,把 Default.aspx 由源代码视图切换到设计视图。

第 2 步 选择"表"|"插入表"菜单命令,操作如图 4-2 所示。

第 3 步 在弹出的"插入表格"窗口中,设置表格的属性,行数为"12",列数为"3",对齐方式为"居中",宽度为"500 像素",效果如图 4-3 所示,设置结束后,单击"确定"按钮,会在设计视图中插入表格。

第 4 步 拖放控件到页面中刚插入的表格里,拖放的控件有 Label、TextBox、DropDownList、RadioButtonList、CheckBoxList 和 Button 控件,拖放控件后的效果如图 4-4 所示。

第 5 步 对最上端的 Label 控件设置属性,选中 Label 控件,右击,从弹出的快捷菜单中选择"属性"命令,如图 4-5 所示。

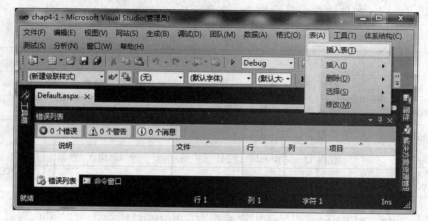

图 4-2 插入表操作界面

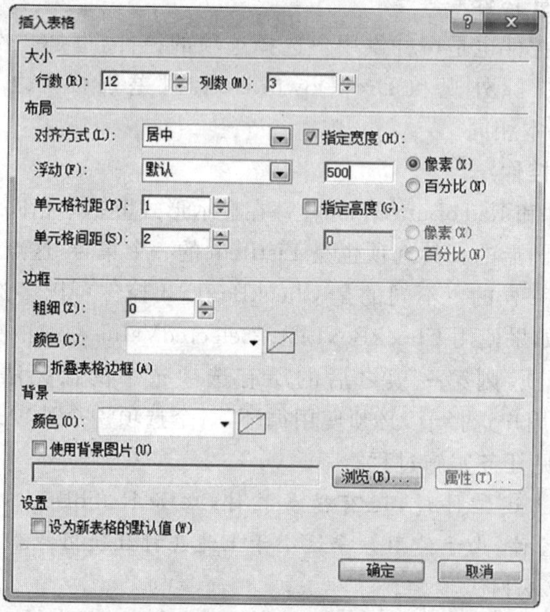

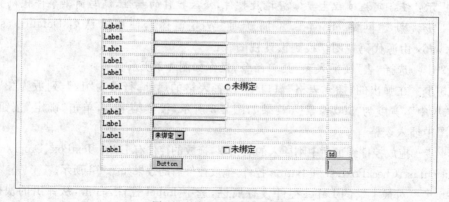

图 4-3 表格属性设置

图 4-4 放入控件的页面效果

小提示：如果"属性"窗口已经打开，则选中控件，打开"属性"窗口即可。

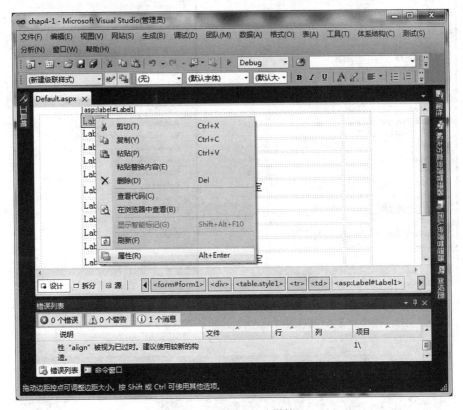

图 4-5　设置 Label 属性

第 6 步　在 Label 的属性窗口中，对 Label 的 Text 属性进行设置，设置为"用户注册"，如图 4-6 所示。

第 7 步　与第一个 Label 控件设置相同，对其他 Label 控件进行设置，根据页面显示需要设置其他 Label 的 Text 属性。

第 8 步　对第一个 TextBox 设置属性，把第一个 TextBox 控件的 ID 属性设置为 tbxUserName，如图 4-7 所示。

第 9 步　和第一个 TextBox 控件的属性设置相同，设置其他 TextBox 控件，根据实际意义命名。

第 10 步　设置网页上唯一的一个 RadioButtonList 控件，单击 RadioButtonList 控件右上方的">"符号，弹出"RadioButtonList 任务"窗口，如图 4-8 所示。

第 11 步　单击"RadioButtonList 任务"窗口中的"编辑项"按钮，打开"ListItem 集合编辑器"窗口，添加两项：男、女，并修改其 Text 和 Value 值，如图 4-9 所示。单击"确定"按钮，RadioButtonList 控件中就有了选项。

第 12 步　设置网页上唯一的一个 DropDownList 控件，单击 DropDownList 控件右上方的">"符号，弹出"DropDownList 任务"窗口，单击"DropDownList 任务"窗口中的"编辑项"按钮，打开"ListItem 集合编辑器"窗口，添加 3 项：研究生、本科、专科，并修改其 Text 和 Value 值，如图 4-10 所示。单击"确定"按钮。

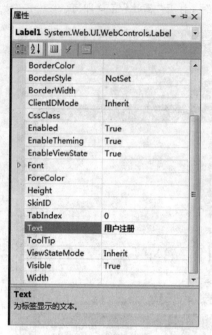

图 4-6　Label 控件的 Text 属性设置

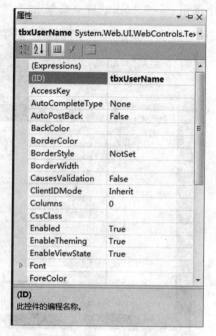

图 4-7　TextBox 的 ID 属性设置

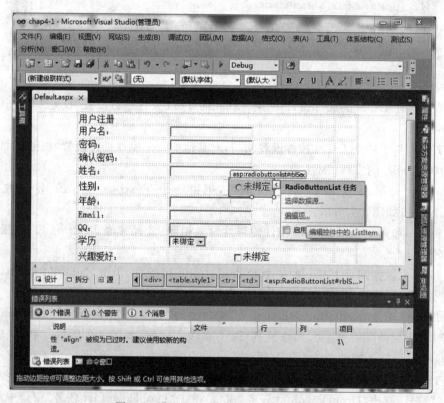

图 4-8　设置 RadioButtonList 控件选择项

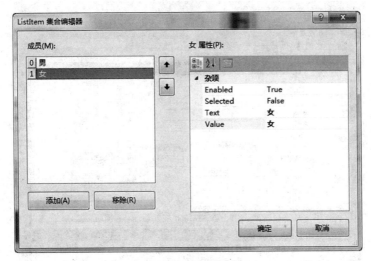

图 4-9　ListItem 集合编辑器

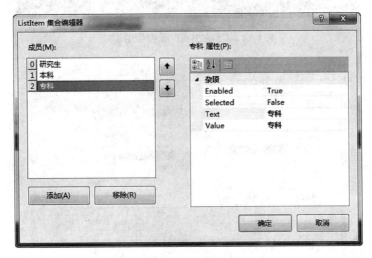

图 4-10　ListItem 集合编辑器

小提示：下拉框等控件的选项可以静态编辑,也可以动态编程实现,参考本任务拓展提高。

第 13 步　设置网页上唯一的一个 CheckBoxList 控件,单击 CheckBoxList 控件右上方的">"符号,弹出"CheckBoxList 任务"窗口,如图 4-11 所示。

第 14 步　单击"CheckBoxList 任务"窗口中的"编辑项"按钮,打开"ListItem 集合编辑器"窗口,添加 5 项：读书、音乐、打球、旅游、上网,并修改其 Text 和 Value 值,如图 4-12 所示。单击"确定"按钮。

第 15 步　设置 Button 控件属性。把网页上唯一的 Button 控件的 Text 属性设置为"注册"。网页设置全部完成,设置好的网页效果如图 4-13 所示。

第 16 步　单击"注册"Button 控件,进入 Button1_Click 事件,此事件在 Default.aspx.cs 文件中,如图 4-14 所示。

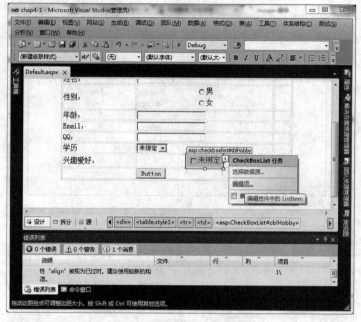

图 4-11 CheckBoxList 控件编辑项

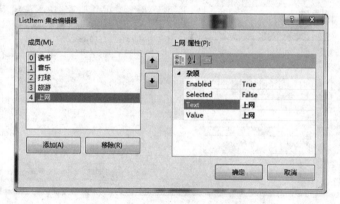

图 4-12 ListItem 集合编辑器

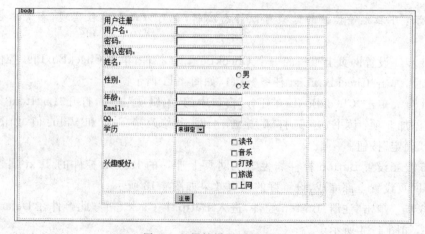

图 4-13 属性设置后的页面

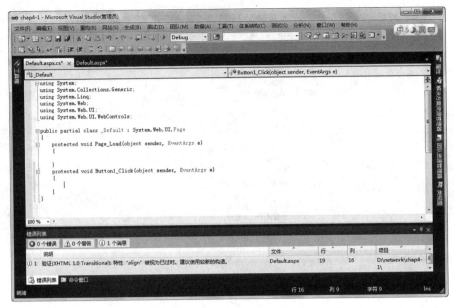

图 4-14 注册按钮事件方法

第 17 步 在事件 protected void Button1_Click(object sender，EventArgs e){ }中，录入按钮处理事件代码，代码如下。注意，为了读者看得明白，此处把事件名称 Button1_Click 也带上去了。

```
protected void Button1_Click(object sender, EventArgs e)
{
    Response.Write("你的姓名："+this.tbxUserName.Text+"<br>");
    Response.Write("你的密码："+this.tbxPassword.Text+"<br>");
    Response.Write("你的确认密码："+this.tbxPassword2.Text+"<br>");
    Response.Write("你的真实姓名："+this.tbxRealName.Text+"<br>");
    Response.Write("你的性别："+this.rblSex.SelectedValue+"<br>");
    Response.Write("你的年龄："+this.tbxAge.Text+"<br>");
    Response.Write("你的 Email："+this.tbxEmail.Text+"<br>");
    Response.Write("你的 QQ："+this.tbxQQ.Text+"<br>");
    Response.Write("你的学历："+this.ddlDegree.SelectedValue+"<br>");
    Response.Write("你的爱好：");
    foreach(ListItem item in this.cblHobby.Items)
    {
        if(item.Selected==true)
        {
            Response.Write(item.Value+",");
        }
    }
}
```

第 18 步 启动调试，页面运行效果如图 4-15 所示。

第 19 步 在网页上录入相应内容，单击"注册"按钮，在页面上输出录入的信息，运行效果如图 4-16 所示。

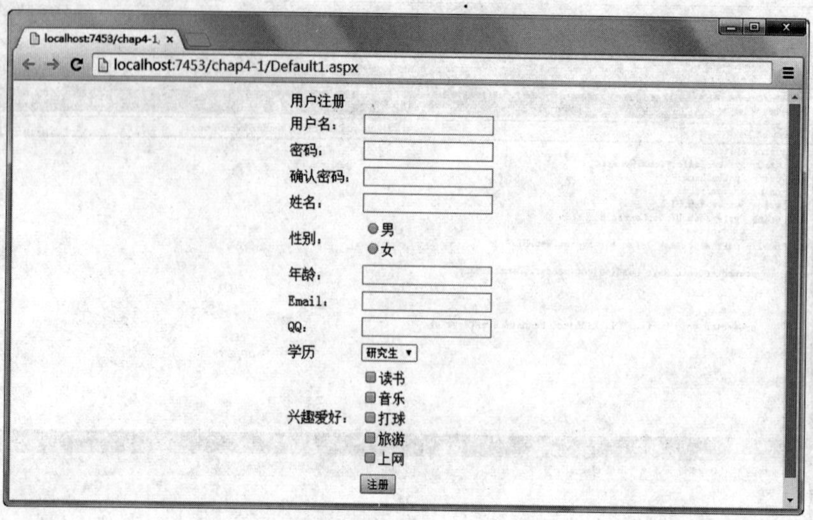

图 4-15　页面运行效果

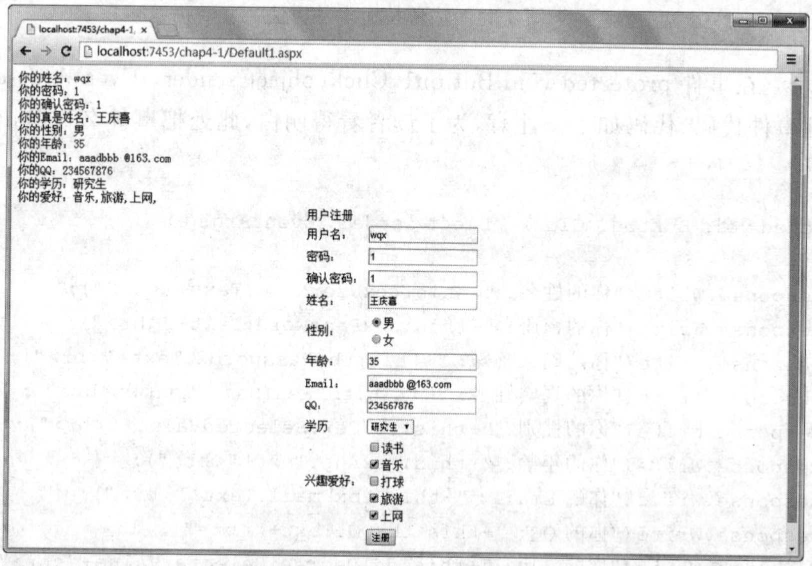

图 4-16　页面运行效果

【任务小结】
　　本任务介绍了使用常用的标准服务器控件设计制作"注册"网页的过程,并实现了用户录入数据后在网页上输出用户录入信息的功能。使用到的技术主要包括常用控件、TextBox、Label、Button、DropDownList、RadioButtonList 和 CheckBoxList 以及内置对象 Respose 等。

【拓展提高】
1. 联动下拉框
　　制作两个下拉框,第一个下拉框是省份,第二个下拉框是城市,当第一个下拉框选中某一个省份时,则在第二个下拉框中显示出选中省份的城市。

第 1 步 在网站 chap4-1 中,添加新项 Web 窗体 Default2.aspx。向网页中拖放两个 Label 控件和两个 DropDownList 控件,效果如图 4-17 所示。

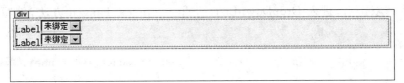

图 4-17 放入控件的页面

第 2 步 设置 Label 控件的 Text 属性分别为"省份"和"城市",设置第一个 DropDownList 控件,即在"省份"控件后边的下拉框,为其编辑项:河南、河北、山东,效果如图 4-18 所示。

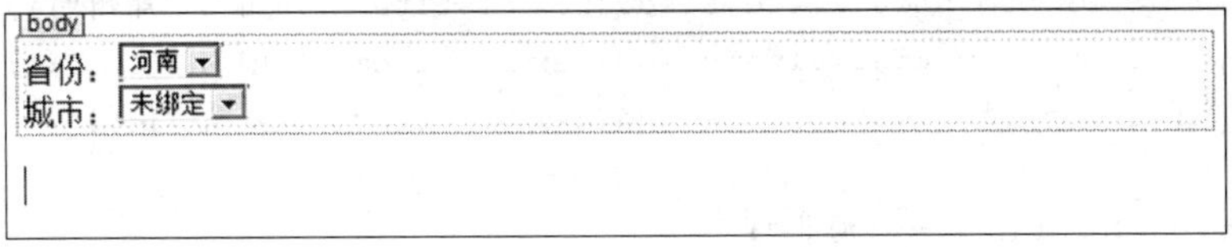

图 4-18 设置属性后页面

第 3 步 设置"省份"DropDownList 控件的 AutoPostBack 属性值为"true",效果如图 4-19 所示。

第 4 步 单击"属性"窗口上部的 ⚡ 按钮,打开下拉框的事件窗口,双击 SelectedIndex-Changed 后边的录入框,如图 4-20 所示。

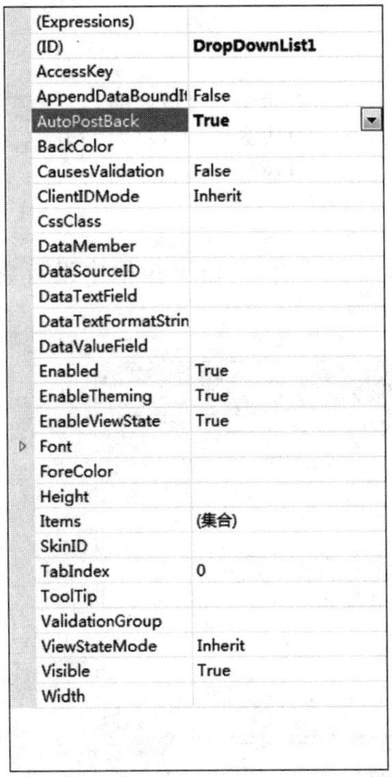

图 4-19 设置 AutoPostBack 属性   图 4-20 设置 SelectedIndexChanged 事件

小提示:"属性"窗口中有4个按钮:按类型排列、按字母排列、属性、事件。读者可以单击试试。

第5步 双击后,进入 DropDownList1_SelectedIndexChanged 方法,编写代码,代码如下。

```
protected void DropDownList1_SelectedIndexChanged(object sender, EventArgs e)
{
    string province=this.DropDownList1.SelectedValue;
    if (province =="河南")
    {
        this.DropDownList2.Items.Clear();
        this.DropDownList2.Items.Add(new ListItem("郑州","郑州"));
        this.DropDownList2.Items.Add(new ListItem("安阳","安阳"));
        this.DropDownList2.Items.Add(new ListItem("信阳","信阳"));
    }
    else if (province =="河北")
    {
        this.DropDownList2.Items.Clear();
        this.DropDownList2.Items.Add(new ListItem("石家庄","石家庄"));
        this.DropDownList2.Items.Add(new ListItem("保定","保定"));
        this.DropDownList2.Items.Add(new ListItem("邯郸","邯郸"));
    }
    else
    {
        this.DropDownList2.Items.Clear();
        this.DropDownList2.Items.Add(new ListItem("济南","济南"));
        this.DropDownList2.Items.Add(new ListItem("青岛","青岛"));
        this.DropDownList2.Items.Add(new ListItem("聊城","聊城"));
    }
}
```

第6步 启动调试,打开网页中,省份下拉框显示的是河南,城市下拉框中没有数据,页面运行效果如图4-21所示。

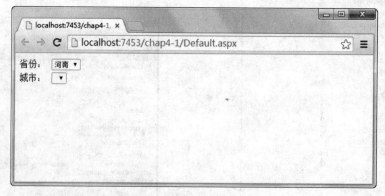

图4-21 页面运行效果

第7步　选中"省份"下拉框中的"山东"项,则"城市"下拉框中会出现"济南"、"青岛"和"聊城"3个城市项,页面运行效果如图4-22所示。

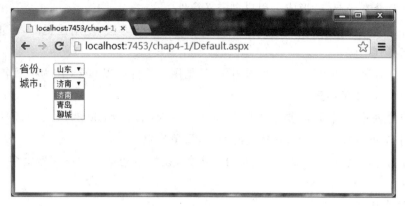

图4-22　页面运行效果

第8步　选中"省份"下拉框中的"河南"项,则"城市"下拉框中会出现"郑州"、"安阳"和"信阳"3个城市项,页面运行效果如图4-23所示。

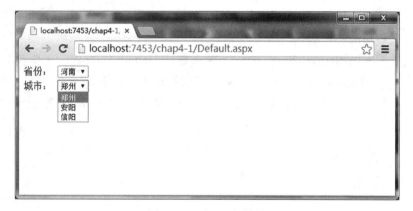

图4-23　页面运行效果

2. Button按钮

ASP.NET总Button控件允许用户通过单击来执行操作,除了Button(标准命令按钮)控件外,还有两个按钮控件LinkButton与ImageButton。

Button控件是一个Submit按钮,控件显示为按钮形状且在按钮上显示文本,LinkButton显示为超链接样式,ImageButton显示为图形样式,但是功能没有区别。

LinkButton与ImageButton控件如表4-4所述。

表4-4　按钮控件

名　　称	说　　明
LinkButton	显示为页面中的一个超链接,包含使窗体被发回服务器的客户端脚本
ImageButton	将图形呈现为按钮,并提供了有关图形内已单击位置的坐标信息

3. 用户自定义控件

用户自定义控件就是封装 ASP．NET 提供的内置控件形成的控件，或是把 ASP．NET 固有的控件复合在一起，就形成了用户自定义控件。

用户自定义控件提供了一种模块化 Web 应用程序的方法，复用性提高，可重用性以及可维护性都得到增强。

用户控件的创建和 Web 窗体基本相同，只是用户控件是以．ascx 作为扩展名，用户控件的设计和 Web 窗体是一致的。

用户控件创建好以后，需要先注册，再放置。在 Visual Stuido 2010 中，只需把用户控件直接拖放到 Web 窗体中，注册、放置同时完成，简单高效。

用户控件是需要在设计整个应用综合考虑的，在学习初期不建议花费太多时间和精力在用户控件上。

4. 文件上传

文件上传是很多系统都要使用的一个功能，在 ASP．NET 中，客户端使用 FileUpload 控件实现文件的上传，在服务器端使用 SaveAs 方法把客户端上传的文档保存到服务器。

文件的上传涉及 IO 操作，比如在目录不存在的情况下需要创建目录，以及文件的创建和删除等，但是在 ASP．NET 中已经最大限度地封装底层 IO 操作，开发人员可以轻松简单地实现文件上传功能。

第 1 步　在网站 chap4-1 中，添加新项 Web 窗体 Default3.aspx。

第 2 步　在网页 Default3.aspx 中输入"文件 1"和"文件 2"文本内容，再拖入两个 FileUpload 控件和一个 Button 控件，修改 Button 控件的 Text 属性为"上传文件"。如图 4-24 所示。

图 4-24　网页设计效果

第 3 步　单击 Default3.aspx 下的"源"，切换到源视图，在源代码中找到<form>标签，给<form>标签添加属性 enctype="multipart/form-data"，源代码如图 4-25 所示。

小提示：属性 enctype="multipart/form-data"是必须添加的，如果不添加，则文件不发送到服务器，发送到服务器的是字符串而不是文件，当然也就无法实现文件上传功能。

第 4 步　在网站 chap4-1 中添加文件夹。右击 chap4-1，从弹出的快捷菜单中选择"新建文件夹"命令，如图 4-26 所示。

第 5 步　修改文件夹名称为 upload，如图 4-27 所示。

第 6 步　网页 Default3.aspx 切换到"设计视图"，双击"上传文件"按钮，进行 Button1_Click 事件，在该事件中编写如下代码：

图 4-25 form 属性修改

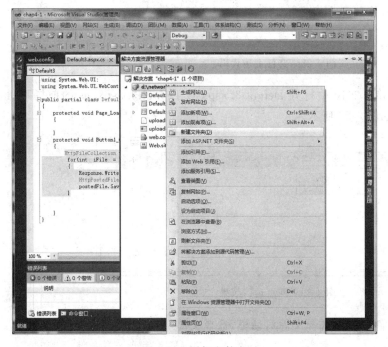

图 4-26 添加文件夹　　　　　　　　　　　　图 4-27 upload 文件夹

```
HttpFileCollection files=HttpContext.Current.Request.Files;
for(int iFile =0; iFile <files.Count; iFile++)
{
    HttpPostedFile postedFile=files[iFile];
    string fileName=postedFile.FileName.Substring(postedFile.FileName.
        LastIndexOf("\\")+1);
    postedFile.SaveAs(Server.MapPath("~ /upload/")+fileName);
    Response.Write(postedFile.FileName+" 上传成功|"+"<br>");
}
```

知识链接：代码 HttpFileCollection files=HttpContext.Current.Request.Files 的作用是获取网页提交的文件；postedFile.SaveAs 的作用是保存文件；Server.MapPath("~/upload/")的作用是把网站中的 upload 目录映射为物理地址。

代码编辑好后，效果如图 4-28 所示。

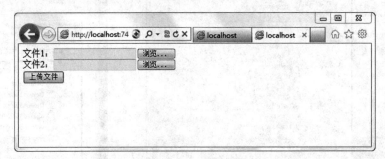

图 4-28　文件上传代码

第 7 步　在 Visual Stuido 2010 中打开 Default3.aspx 或 Default3.aspx.cs 的前提下，启动调试。网页运行效果如图 4-29 所示。

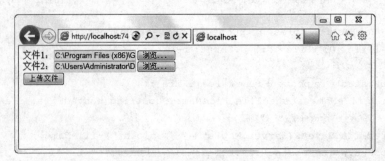

图 4-29　网页运行效果

第 8 步　单击"选择文件"，弹出选择文件对话框，选择文件，两个文件都选择好后，页面效果如图 4-30 所示。

第9步 单击"上传文件"按钮,文件上传成功,页面效果如图 4-31 所示。

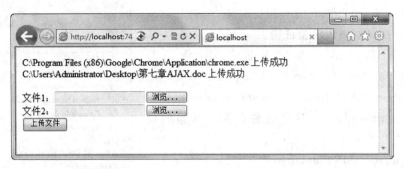

图 4-31 上传成功

任务 4-2 使用验证控件验证注册数据

【任务描述】

小王开发好应用程序后,交给用户使用。在使用过程中用户很不满意,很多网页上,用户录入的数据有问题也能执行,结果把很多错误的、不一致的数据保存到了数据库,给后续工作带来了很多麻烦。

比如注册页面,用户没有录入密码、没有填写 E-mail 或明显不是 E-mail 的信息都能保存到数据库,因此客户公司让小王加班加点尽早解决这个问题。

【任务目的】

(1) 掌握验证控件的概念。

(2) 掌握 RequiredFieldValidator 控件在验证数据时的使用。

(3) 掌握 CompareValidator 控件在验证数据时的使用。

(4) 掌握 RangeValidator 控件在验证数据时的使用。

(5) 掌握 RegularExpressionValidator 控件在验证数据时的使用。

(6) 了解 CustomValidator 和 ValidationSummary 控件在验证数据时的使用。

【任务分析】

数据验证可以分为客户端验证和服务器端验证,客户端验证一般使用 JavaScript 技术;服务器端验证一般采用相应的高级语言。数据验证工作繁琐复杂,需要写很多代码,使很多程序员感到枯燥。

在 ASP.NET 中,使用验证控件对数据验证进行了简化,只需要在网页中放入几个控件,进行简单的设置,就能完成绝大多数的验证工作。

【基础知识】

1. 验证控件

小提示:企业开发中,数据验证的作用举足轻重,它是应用系统可靠性的重要保障。

应用系统中,用户需要录入各式各样的信息,为了系统的安全和可靠,需要做大量的数据验证。传统的数据验证因编写代码量大而使人诟病,微软公司在 ASP.NET 提供了验证控件,这些控件根据数据验证的规则简化数据验证。

验证控件可以检查用户输入，并且在窗体发送到服务器时进行验证，如果输入没有通过验证，则会返回到输入页面，并在页面中提示验证错误。

ASP．NET 提供了 6 种验证控件，分别是 RequiredFieldValidator、CompareValidator、RangeValidator、RegularExpressionValidator、CustomValidator 和 ValidationSummary 控件。这些控件都在工具箱的验证中，如图 4-32 所示。

2．RequiredFieldValidator 控件

RequiredFieldValidator 控件是非空验证，也就是用户必须在对应的控件中输入数据，才能通过验证，RequiredFieldValidator 控件的主要属性如表 4-5 所示。

Display 属性有 3 个可选值：None 表示从不内联显示的验证程序内容；DyNamic 表示验证失败时动态添加到页面中的验证程序内容；Static 作为页面布局的物理组成部分验证程序内容，默认为 Static。

图 4-32 验证控件

表 4-5 RequiredFieldValidator 控件主要属性

名 称	说 明
VontrolToValidate	获取或设置要验证的输入控件
ErrorMessage	获取或设置验证失败时显示的错误消息文本
Display	获取或设置验证控件中错误消息的显示行为
IsVlid	获取或设置一个值，该值指示关联的输入控件是否通过验证
SetFOcusOnError	获取或设置一个值，该值指示在验证失败时是否将焦点设置到 ControlToValidate 属性指定的控件上

3．CompareValidator 控件

CompareValidator 控件是比较验证控件，它常常用来把一个控件的输入值同另一个控件的输入值比较，CompareValidator 控件的主要属性如表 4-6 所示。

表 4-6 CompareValidator 控件主要属性

名 称	说 明
VontrolToValidate	获取或设置要验证的输入控件
ControlToCompare	比较依据的控件
Operator	获取或设置要执行的比较操作
Type	比较值的数据类型
Text	获取或设置验证失败时验证控件中的显示文本
SetFOcusOnError	获取或设置一个值，该值指示在验证失败时是否将焦点设置到 ControlToValidate 属性指定的控件上

CompareValidator 控件的 Operator 属性是一个关键的属性，它是采用什么方式比较的设定，它的取值是一个枚举值，具体值如表 4-7 所示。

表 4-7 Operator 属性的取值

名 称	说 明
Equal	相等比较
NotEqual	不等比较
GreateThan	大于比较
GreateThanEqual	大于等于比较
LessThan	小于比较
LessThanEqual	小于等于比较
DataTypeCheck	输入到所验证的输入控件的值 BaseCompareValidator.Type 属性指定的数据类型之间的数据类型比较

4. RangeValidator 控件

RangeValidator 控件检查用户输入的范围，即上限和下限。检查类型是可以按照数字、字符串和日期等修改控件的大多属性和 CompareValidator 的控件类型，不同的是 RangeValidator 控件有两个属性：MaximumValue 和 MinimumValue，这两个属性设置了验证控件的最大值和最小值。

5. RegularExpressionValidator 控件

RegularExpressionValidator 控件检查字符串是否符合正则表达式匹配，通过该控件，可以检查输入数据是否符合一定的格式，这在验证中十分常见，比如身份证号、学号、电话号码、邮政编码、电子邮箱等，它们都具有一个格式，不符合格式要求就一定是错误的数据，正则表达式就是处理这一类问题的。

在 ASP.NET 中为了开发方便，内置了一些常用的正则表达式，开发人员只需选中即可，不需要编写正则表达式。

6. CustomValidator 控件

CustomValidator 控件是自定义验证控件，根据名称可以知道，验证的逻辑是需要开发人员编写的。该控件主要是为了扩展验证控件，当 ASP.NET 提供的验证控件不能满足开发人员的需求时，可以使用它自己编写验证。

该控件需要设置 ClinetValidationFunciton 或 ServerValidate 属性，以验证工作是由哪个函数或方法完成，而这个函数或方法需要用户自己定义和实现。

7. ValidationSummary 控件

ValidationSummary 控件在网页上汇总输出所有验证控件的错误信息。ValidationSummary 控件的主要属性如表 4-8 所示。

ValidationSummary 控件的 DisplayMode 属性有 3 个选项值：List 用于显示在列表中的验证摘要；BulletList 用于显示在项目符号列表中的验证摘要；SingleParagraph 用于显示在单个段落内的验证摘要。

表 4-8　DisplayMode 属性的选项值

名　　称	说　　明
DisplayMode	获取或设置验证控件摘要的显示模式
ShowMessageBox	获取或设置一个值，该值指示是否在消息框中显示验证摘要
ShowSummary	获取或设置一个值，该值指示是否内联显示验证摘要

知识链接：验证的方式很多，还可以使用 JavaScript 进行验证。JavaScript 验证属于前台验证，是在网页上直接执行的验证，效率较高。

【任务实施】

第 1 步　新建空网站 chap4-2，添加名为 Default.aspx 的 Web 窗体，按照 chap4-1 的步骤制作网页；或把网站 chap4-1 中的 Default.aspx 复制到 chap4-2 中。

第 2 步　向 Default.aspx 网页中添加验证控件，添加的位置是表格的第三列，添加后的页面效果如图 4-33 所示。

第 3 步　设置"用户名"的验证控件属性，设置 ControlToValidate 属性值为 tbxUserName，ErrorMessage 属性值为"请输入用户名"，SetFocusOnError 属性值为 True，如图 4-34 所示。同理设置"密码"和"姓名"的验证控件的属性。

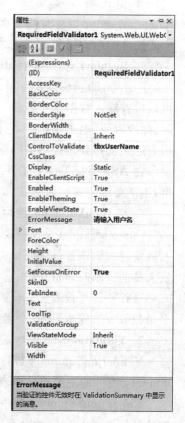

图 4-33　网页设计效果　　　　　　　　图 4-34　控件属性设置

第 4 步 设置"确认密码"的验证控件属性，设置 ControlToValidate 属性值为 tbxPassword2，ControlToCompare 属性值为 tbxPasswrod，ErrorMessage 属性值为"确认密码和密码必须相同"，SetFocusOnError 属性值为 True，如图 4-35 所示。

第 5 步 设置"年龄"的验证控件属性，设置 ControlToValidate 属性值为 tbxAge，ErrorMessage 属性值为"年龄必须在 18 至 60 之间"，SetFocusOnError 属性值为 True，MaximumValue 属性值为 60，MinimumValue 属性值为 18，如图 4-36 所示。

第 6 步 设置"E-mail"的验证控件属性，设置 ControlToValidate 属性值为 tbxEamil，ErrorMessage 属性值为"E-mail 地址不符合要求，请重新填写"，SetFocusOnError 属性值为 True，如图 4-37 所示。

图 4-35　控件属性设置　　图 4-36　控件属性设置　　图 4-37　控件属性设置

第 7 步 单击图 4-37 所示的 ValidationExpression 属性后的输入框，进入正则表达式编辑器，选择"internet 电子邮件地址"，如图 4-38 所示。单击"确定"按钮。

小提示：编写正则表达式是有一定难度的，还好常用的正则表示式在网上到处可见，使用时可以去网上查找。

第 8 步 设置 QQ 的验证控件属性，设置 ControlToValidate 属性值为 tbxQQ，ErrorMessage 属性值为"QQ 信息错误"，SetFocusOnError 属性

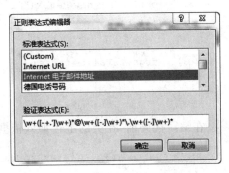

图 4-38　正则表达式设置

值为 True,如图 4-39 所示。

图 4-39 控件属性设置

图 4-40 控件事件设置

第 9 步 单击"属性"窗口的"事件"按钮,切换到"事件"窗口,如图 4-40 所示。

第 10 步 单击 ServerValidate 事件后的输入框,进入 CustomValidator1_ServerValidate 方法,编写如下代码:

```
protected void CustomValidator1_ServerValidate(object source,
ServerValidateEventArgs args)
{
    string qq=this.tbxQQ.Text;
        bool flag=new Regex("[1-9][0-9]{5,9}").Match(qq).Success;
    if (!flag)
    {
        args.IsValid=false;
    }
}
```

在编写代码前,在类的上边加入依据代码,代码如下:

```
using System.Text.RegularExpressions;
```

代码编辑完毕,效果如图 4-41 所示。

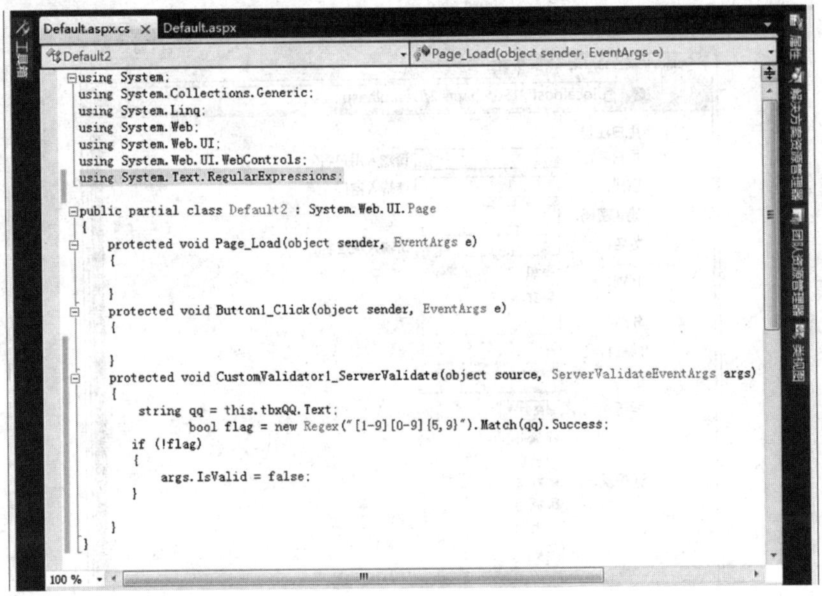

图 4-41　自定义验证代码

第 11 步　启动调试,页面运行效果如图 4-42 所示。

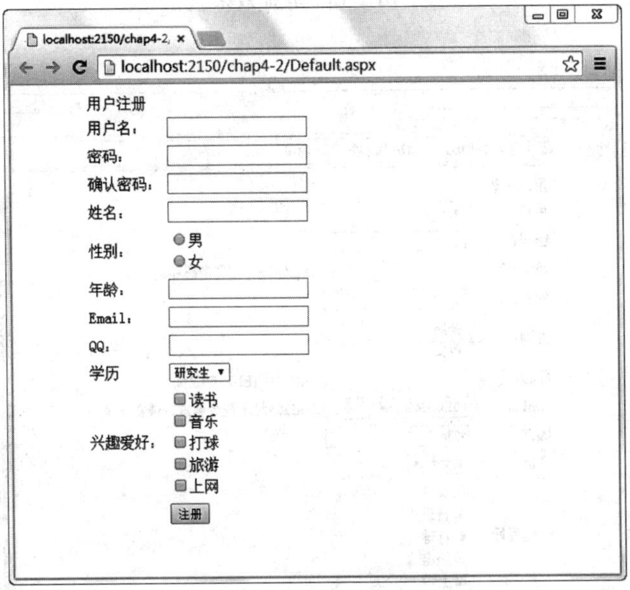

图 4-42　页面运行效果

第 12 步　单击"注册"按钮,效果如图 4-43 所示。

第 13 步　在网页上输入用户名、密码、姓名、确认密码、年龄、Email、QQ 等信息后,效果如图 4-44 所示。

第 14 步　修改不能通过验证的数据后(QQ 信息仍不符合要求),单击"注册"按钮,页面效果如图 4-45 所示。

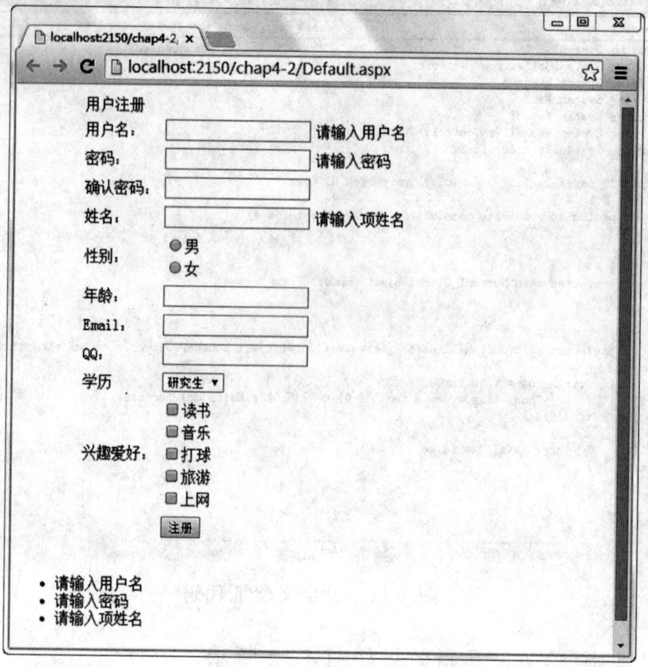

图 4-43 验证效果

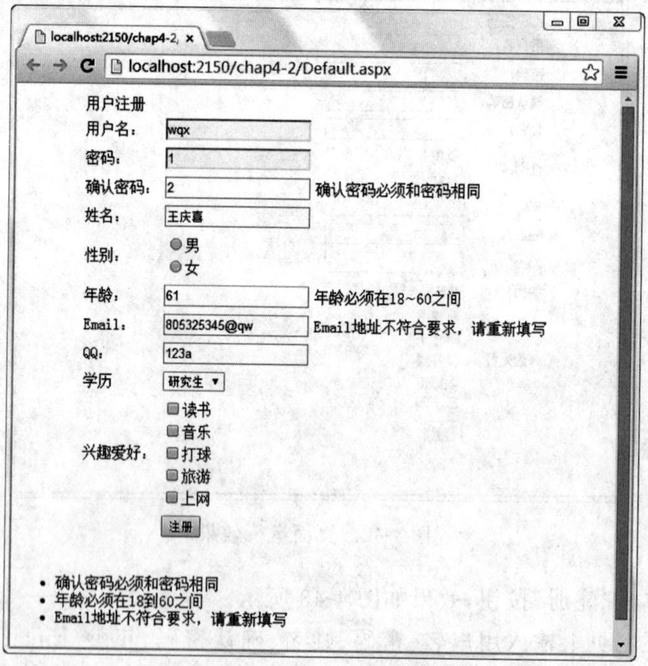

图 4-44 验证效果

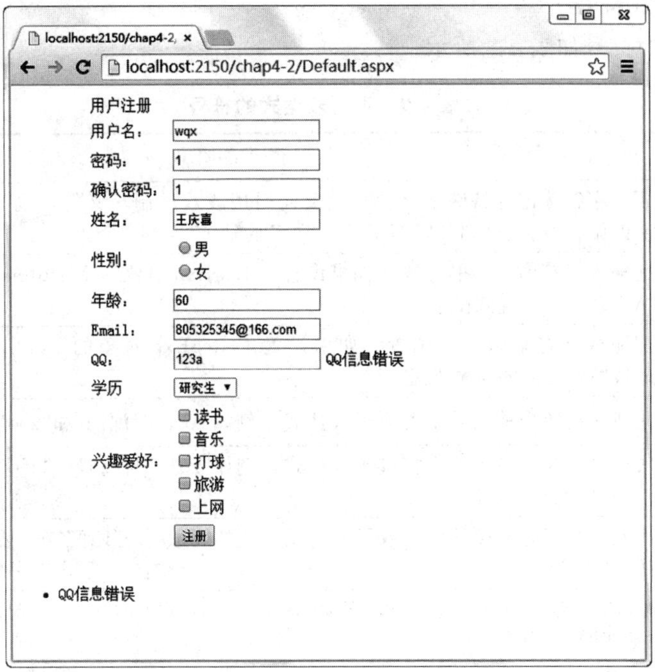

图 4-45 验证效果

【任务小结】

本任务使用验证控件对用户输入数据进行验证,涉及 ASP.NET 中的验证控件。验证控件容易掌握,易于使用,并且是企业级应用程序必不可少、十分重要的一个环节,请注意掌握好本部分知识和技术。

【拓展提高】

1. 正则表达式概念

正则表达式是对字符串操作的一种逻辑公式,即用事先定义好的一些特定字符、及这些特定字符的组合,组成一个"规则字符串",这个"规则字符串"用来表达对字符串的一种过滤逻辑。

给定一个正则表达式和另一个字符串,我们可以达到如下的目的:

(1) 给定的字符串是否符合正则表达式的过滤逻辑(称作"匹配");

(2) 可以通过正则表达式,从字符串中获取我们想要的特定部分。

正则表达式的特点如下:

(1) 灵活性、逻辑性和功能性非常强;

(2) 可以迅速地用极简单的方式达到字符串的复杂控制;

(3) 对于刚接触的人来说,比较晦涩难懂。

由于正则表达式主要应用对象是文本,因此它在各种文本编辑器场合都有应用,小到著名编辑器 EditPlus,大到 Microsoft Word、Visual Studio 等大型编辑器,都可以使用正则表达式来处理文本内容。

2. 正则表达式符号

正则表达式的符号如表 4-9 所示。

表 4-9 正则表达式的符号

字 符	说 明
\	将下一字符标记为特殊字符、文本、反向引用或八进制转义符。例如"n"匹配字符"n"、"\n"匹配换行符、序列"\\"匹配"\"、"\("匹配"("
^	匹配输入字符串开始的位置。如果设置了 RegExp 对象的 Multiline 属性，^还会与"\n"或"\r"之后的位置匹配
$	匹配输入字符串结尾的位置。如果设置了 RegExp 对象的 Multiline 属性，$ 还会与"\n"或"\r"之前的位置匹配
*	零次或多次匹配前面的字符或子表达式。例如 zo* 匹配"z"和"zoo"。* 等效于 {0,}
+	一次或多次匹配前面的字符或子表达式。例如"zo+"与"zo"和"zoo"匹配，但与"z"不匹配。+ 等效于 {1,}
?	零次或一次匹配前面的字符或子表达式。例如"do(es)?"匹配"do"或"does"中的"do"。? 等效于 {0,1}
{n}	n 是非负整数。正好匹配 n 次。例如"o{2}"与"Bob"中的"o"不匹配，但与"food"中的两个"o"匹配
{n,}	n 是非负整数。至少匹配 n 次。例如"o{2,}"不匹配"Bob"中的"o"，而匹配"fooooood"中的所有 o。"o{1,}"等效于"o+"。"o{0,}"等效于"o*"
{n,m}	M 和 n 是非负整数，其中 n<=m。匹配至少 n 次，至多 m 次。例如"o{1,3}"匹配"fooooood"中的头三个 o。'o{0,1}'等效于'o?'。注意，不能将空格插入逗号和数字之间
?	当此字符紧随任何其他限定符（*、+、?、{n}、{n,}、{n,m}）之后时，匹配模式是"非贪心的"。"非贪心的"模式匹配搜索到的、尽可能短的字符串，而默认的"贪心的"模式匹配搜索到的、尽可能长的字符串。例如在字符串"oooo"中，"o+?"只匹配单个"o"，而"o+"匹配所有"o"
.	匹配除"\n"之外的任何单个字符。若要匹配包括"\n"在内的任意字符，请使用诸如"[\s\S]"之类的模式
(pattern)	匹配 pattern 并捕获该匹配的子表达式。可以使用 $0…$9 属性从结果"匹配"集合中检索捕获的匹配。若要匹配括号字符()，请使用"\("或者"\)"
(?:pattern)	匹配 pattern 但不捕获该匹配的子表达式，即它是一个非捕获匹配，不存储供以后使用的匹配。这对于用"or"字符（|）组合模式部件的情况很有用。例如'industr(?:y|ies)'是比 'industry|industries' 更经济的表达式
(?=pattern)	执行正向预测先行搜索的子表达式，该表达式匹配处于匹配 pattern 的字符串的起始点的字符串。它是一个非捕获匹配，即不能捕获供以后使用的匹配。例如'Windows (?=95|98|NT|2000)'匹配"Windows 2000"中的"Windows"，但不匹配"Windows 3.1"中的"Windows"。预测先行不占用字符，即发生匹配后，下一匹配的搜索紧随上一匹配之后，而不是在组成预测先行的字符后
(?!pattern)	执行反向预测先行搜索的子表达式，该表达式匹配不处于匹配 pattern 的字符串的起始点的搜索字符串。它是一个非捕获匹配，即不能捕获供以后使用的匹配。例如'Windows (?!95|98|NT|2000)'匹配 "Windows 3.1"中的 "Windows"，但不匹配"Windows 2000"中的"Windows"。预测先行不占用字符，即发生匹配后，下一匹配的搜索紧随上一匹配之后，而不是在组成预测先行的字符后
x|y	匹配 x 或 y。例如'z|food'匹配"z"或"food"、'(z|f)ood'匹配"zood"或"food"

字　　符	说　　明
[xyz]	字符集。匹配包含的任一字符,例如"[abc]"匹配"plain"中的"a"
[^xyz]	反向字符集。匹配未包含的任何字符。例如"[^abc]"匹配"plain"中的"p"
[a−z]	字符范围。匹配指定范围内的任何字符。例如"[a−z]"匹配"a"到"z"范围内的任何小写字母
[^a−z]	反向范围字符。匹配不在指定的范围内的任何字符。例如"[^a−z]"匹配任何不在"a"到"z"范围内的任何字符
\b	匹配一个字边界,即字与空格间的位置。例如"er\b"匹配"never"中的"er",但不匹配"verb"中的"er"
\B	非字边界匹配。"er\B"匹配"verb"中的"er",但不匹配"never"中的"er"
\cx	匹配 x 指示的控制字符。例如\cM 匹配 Control−M 或回车符。x 的值必须在 A~Z 或 a~z 之间。如果不是这样,则假定 c 就是"c"字符本身
\d	数字字符匹配。等效于[0−9]
\D	非数字字符匹配。等效于[^0−9]
\f	换页符匹配。等效于\x0c 和\cL
\n	换行符匹配。等效于\x0a 和\cJ
\r	匹配一个回车符。等效于\x0d 和\cM
\s	匹配任何空白字符,包括空格、制表符、换页符等。与[\f\n\r\t\v]等效
\S	匹配任何非空白字符。与[^\f\n\r\t\v]等效
\t	制表符匹配。与\x09 和\cI 等效
\v	垂直制表符匹配。与\x0b 和\cK 等效
\w	匹配任何字类字符,包括下划线。与"[A−Za−z0−9_]"等效
\W	与任何非单词字符匹配。与"[^A−Za−z0−9_]"等效
\xn	匹配 n,此处的 n 是一个十六进制转义码。十六进制转义码必须正好是两位数长。例如"\x41"匹配"A"。"\x041"与"\x04"&"1"等效。允许在正则表达式中使用 ASCII 代码
\num	匹配 num,此处的 num 是一个正整数。到捕获匹配的反向引用。例如"(.)\1"匹配两个连续的相同字符
\n	标识一个八进制转义码或反向引用。如果\n 前面至少有 n 个捕获子表达式,那么 n 是反向引用。否则,如果 n 是八进制数(0~7),那么 n 是八进制转义码
\nm	标识一个八进制转义码或反向引用。如果\nm 前面至少有 nm 个捕获子表达式,那么 nm 是反向引用。如果\nm 前面至少有 n 个捕获,则 n 是反向引用,后面跟有字符 m。如果两种前面的情况都不存在,则\nm 匹配八进制值 nm,其中 n 和 m 是八进制数字(0~7)
\nml	当 n 是八进制数(0~3),m 和 l 是八进制数(0~7)时,匹配八进制转义码 nml
\un	匹配 n,其中 n 是以四位十六进制数表示的 Unicode 字符。例如\u00A9 匹配版权符号(©)

3..NET 正则核心对象

(1) Regex 类。该类是.NET 正则表达式的核心。其中包括了若干静态方法,这使得可以不构造 Regex 对象就可以使用其功能。Regex 类是不可变(只读)的,并且具有固有的线程安全性。可以在任何线程上创建 Regex 对象,并在线程间共享。一般可以利用该类的构造函数来定义所需要的表达式及匹配模式。

(2) Match 类。该类用于表示单个正则表达式的匹配。可以通过多种方式来得到该对象:

① 利用 Regex.Match()方法返回一个 Match 对象;

② 利用 Match 对象本身的 NextMatch()方法来返回一个新的 Match 对象。

正则表达式用于字符串处理、表单验证等场合,实用高效。现将一些常用的表达式收集于此,以备不时之需。

4. 常用正则表达式

匹配 HTML 标记的正则表达式:<(\S*?)[^>]*>.*?</\1>|<.*?/>。

匹配 E-mail 地址的正则表达式:\w+([-+.]\w+)*@\w+([-.]\w+)*\.\w+([-.]\w+)*。

匹配网址 URL 的正则表达式:[a-zA-Z]+://[^\s]*。

匹配国内电话号码:\d{3}-\d{8}|\d{4}-\d{7}。

匹配腾讯 QQ 号:[1-9][0-9]{4,}。

匹配中国邮政编码:[1-9]\d{5}(?!\d)。

匹配身份证:\d{15}|\d{18}。

匹配 IP 地址:\d+\.\d+\.\d+\.\d+。

任务 4-3 使用导航控件制作菜单

【任务描述】

小王开发了一个应用,在这个应用中有很多功能,但是这些功能分散在很多网页中,他想把这些功能网页组织起来,可以快速地访问,而不是做什么操作临时去找对应的网页,这时他想到了 ASP.NET 中的导航控件,现在他要使用这些控件制作他开发应用中的菜单。

【任务目的】

(1) 掌握 TreeView、Menu 控件的主要使用。

(2) 掌握 SiteMapDataSource 的使用,以及结合 TreeView、Menu 控件快速制作系统菜单。

【任务分析】

任务是制作菜单,这在 ASP.NET 中不是难事,因为 ASP.NET 提供了导航科技,只要使用这些控件,在几分钟内就能制作出令人满意的菜单。

【基础知识】

1. 导航控件

对于一个网站来说,如果没有导航,用户在使用总就会很困难,因此除非你的应用十分小,只有一两个功能,否则就必须提供导航。在 ASP.NET 中导航控件有 TreeView、Menu 和 SiteMapPath。

小提示:几乎没有应用程序不使用导航,但是一个系统通常只有一个导航。

2. 站点地图文件

站点地图文件是一个名为 Web.sitemap 的 XML 文件,这个文件必须位于应用程序的根目录下，并且不能更改它的名字。这个文件会被 ASP．NET 直接读取，直接把值给 SiteMapDataSource 控件。

3. SiteMapDataSource 控件

SiteMapDataSource 控件是一个数据源控件，位于工具箱中的"数据"控件中，这个控件只需拖放到页面，就可以直接使用，它直接读取 Web.sitemap 这个 XML 文件。

4. TreeView 控件

TreeView 控件是一个十分普及的控件，每个电脑使用者基本每天都要使用到它。TreeView 控件大大简化了开发人员编写导航功能的复杂性，它用于树结构中显示分层数据，例如目录或文件目录。

TreeView 使用方便，提供如下功能：

(1) 数据绑定，允许控件的结点绑定到 XML、表格和关系数据。
(2) 站点导航，通过与 SiteMapDataSource 控件集成实现
(3) 结点文本既可以显示为村文本也可以显示为超链接。
(4) 借助编程方式访问 TreeView 对象模型以动态创建树、填充结点、设置属性等。
(5) 客户端结点填充。
(6) 在每个结点旁显示复选框的功能。
(7) 通过主题、用户定义的图像和样式可实现自定义外观。

5. Menu 控件

Menu 控件可以在网页上模拟 Windows 的菜单导航效果，它可以呈现两种模式。

(1) 静态模式：Menu 控件的菜单完全展开，用户可以单击菜单中的任何项。
(2) 动态模式：默认值显示部分内容，当用户移动鼠标到静态内容项上时，则淡出子菜单项。

静态显示模式下，Menu 控件的 StaticDisplayLevels 属性控制静态显示行为，指定包含跟菜单在内的静态显示菜单的层数，StaticDisplayLevels 的最小值为 1。

动态显示模式下，Menu 的 MaximumDynamicDisplayLevels 属性指定静态显示层后应显示的动态显示菜单的结点数，MaximumDynamicDisplayLevels 最小值为 0，表示动态显示不会有任何结点。

【任务实施】

第 1 步　新建空网站 chap4-3，添加新项 Web 窗体，采用默认值 Default.aspx。
第 2 步　向网站添加新项"站点地图"，名称采用默认值，此处不用修改，如图 4-46 所示。
第 3 步　在站点地图文件中输入如下代码：

```
<? xml version="1.0" encoding="utf-8" ? >
<siteMap xmlns="http://schemas.microsoft.com/AspNet/SiteMap-File-1.0" >
  <siteMapNode url="" title="产品" description="">
    <siteMapNode url="computer.aspx" title="计算机" description="" >
      <siteMapNode url="" title="台式机" description="" />
      <siteMapNode url="" title="笔记本" description="" />
    </siteMapNode>
    <siteMapNode url="" title="书籍" description="" >
      <siteMapNode url="" title="小说类" description="" />
      <siteMapNode url="" title="计算机类" description="" >
```

图 4-46 添加站点地图

```
        <siteMapNode url="ASP .NET.aspx" title="ASP .NET" description="" />
        <siteMapNode url="" title="ASP" description="" />
      </siteMapNode>
      <siteMapNode url="" title="辅导类" description="" />
    </siteMapNode>
  </siteMapNode>
</siteMap>
```

第 4 步 向网页中拖放一个 TreeView 控件和一个 SiteMapDataSource 控件,注意,这两个控件位置不同,TreeView 控件在工具箱中的"导航"中,SiteMapDataSource 控件在工具箱中的"数据"中,如图 4-47 所示。

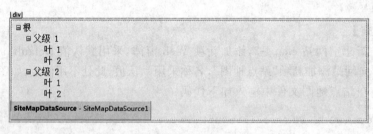

图 4-47 TreeView 控件

第 5 步 设置 TreeView 控件,选择数据源 SiteMapDataSource1,TreeView 的结点会自动更新,如图 4-48 所示。

第 6 步 启动调试,页面运行效果如图 4-49 所示。

第 7 步 单击"ASP .NET"超链接,页面发生跳转,因为超链接指向的网页不存在,所以出现"无法找到资源"错误,如图 4-50 所示。

图 4-48 选择数据源

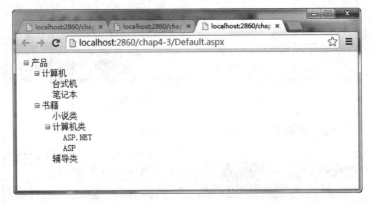

图 4-49 页面运行效果

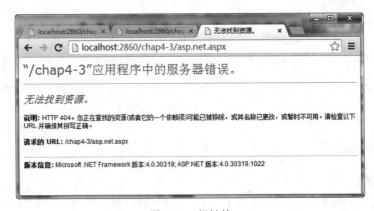

图 4-50 超链接

【任务小结】

本任务介绍了使用 TreeView、Menu 导航控件和 SiteDataSource 数据源控件制作网站菜单的知识以及开发过程。使用 ASP.NET 提供的导航控件可以快速地实现菜单功能,并且实现效果也相当令人满意。

【拓展提高】

使用 Menu 制作菜单:

第 1 步　在网站 chap4-3 中,添加新项 Default2.aspx,向添加的网页上拖曳一个 Menu 控件,为 Menu 编辑菜单项,如图 4-51 所示。编辑好后,单击"确定"按钮。

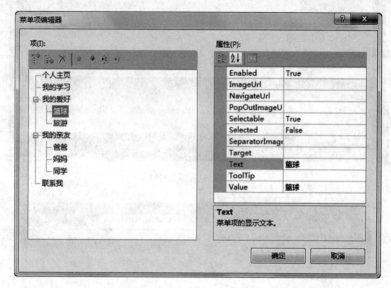

图 4-51　编辑 Menu 菜单项

第 2 步　启动调试,网页运行效果如图 4-52 所示。

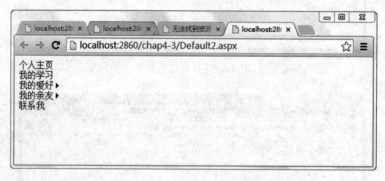

图 4-52　页面运行效果

任务 4-4　使用母版

【任务描述】

小王在开发一个应用过程中,发现了一个令他苦恼的事情,网站中很多网页中出现一部分内容相同,他每次都要把这些内容从一个页面复制到另一个页面,但是在这些相同的内容需要修改时,他需要把几乎所有的网页都修改一篇。偶然的机会,听说母版也可以扫除他的烦恼。

【任务目的】
(1) 理解母版页的概念。
(2) 掌握母版页的创建和使用。

【任务分析】
母版页可以理解成网页的母亲,其他的网页可以从母版页创建,并且一创建就拥有了母版页的内容,也就是说来自于同一个母版页的网页具有相同的内容,当这些公用的内容需要修改时,只需要修改母版页即可。因此本任务需要先创建母版页,然后从母版页创建新网页。

【基础知识】
母版页类似于模板,允许在多个页面中共享相同的内容。一个从母版页创建的网页由两部分组成,一部分是母版页内容,一部分是本身的内容。母版页的扩展名为.master,创建后,母版页内至少会有一个区域:这个区域是在网页创建后可编辑的区域,区域是由如下代码形成的,这段代码,或者说这个区域不能从母版页中删除。

```
<asp:ContentPlaceHolder id="ContentPlaceHolder1" runat="server">
</asp:ContentPlaceHolder>
```

使用母版页可以简化维护、扩展和修改网站的过程,并能提供一致、统一的的外观。

小提示:网页框架技术由于其缺点,使用的人越来越少,取而代之的主要就是母版技术,这也是微软公司推荐使用的网页技术。

【任务实施】
第 1 步　新建空网站 chap4-4,添加新项母版页,如图 4-53 所示。

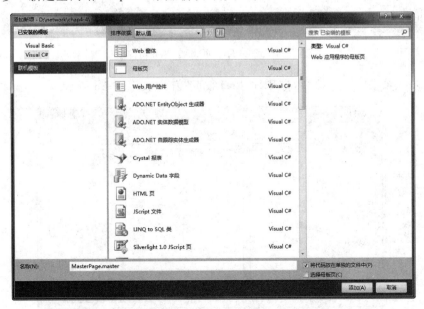

图 4-53　添加母版页

第2步 向网页中的红色边框的区域的上下个拖放一个 Panel,并在 Panel 中,录入"ASP.NET 学习网站"和"ASP.NET 学习兴趣小组",如图 4-54 所示。

图 4-54 母版页内容

小提示:母版页至少有一个 ContentPlaceHolder 控件,当然可以根据需要放置多个。

第3步 添加新项 Web 窗体,选中"选择母版页"前的选择框,名称采用默认值,如图 4-55 所示。

图 4-55 从母版页添加 Web 窗体

第4步 单击"确定"按钮,打开"选择母版页"窗口,如图 4-56 所示。

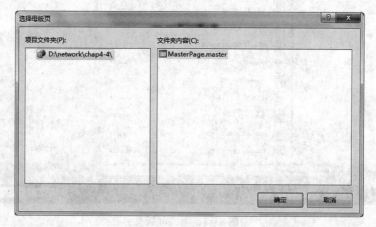

图 4-56 选择母版页

第 5 步　选中母版页,单击"确定"按钮,创建新 Web 窗体成功,并把母版页内容带到网页,如图 4-57 所示。

图 4-57　母版页制作的 Web 窗体

第 6 步　在红色边框中输入内容,如图 4-58 所示。

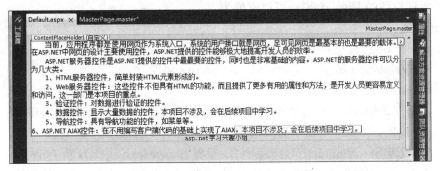

图 4-58　编辑自定义内容

第 7 步　启动调试,页面运行效果如图 4-59 所示。

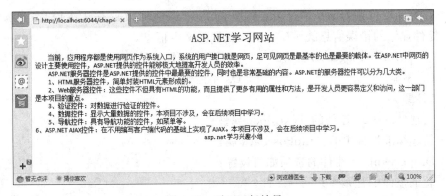

图 4-59　页面运行效果

【任务小结】

本任务介绍了网站开发中母版页的应用,关键是母版页的创建和网页创建时母版页的使用,任务本身不难,难点在于根据网页建设需求设计出合理的母版页。

四、项目小结

本项目主要学习服务器控件,这是 ASP.NET 所特有的,相比于其他应用编程技术在网页部分具有巨大优势,也是 ASP.NET 技术入门简单的原因之一。服务器控件是 ASP.NET 的精髓,也是网站应用使用最广泛的技术。本项目采用 4 个任务,对主要的服务器控件进行了介绍,还有一类服务器控件基本没有涉及,那就是数据控件,在后续项目中会详细介绍。

五、项目考核

1. 填空题

(1) 在 Web 服务器控件中,AutoPostBack 属性的功能是_____。

(2) _____控件用来在 Web 页面上创建一个按钮。

(3) 验证控件的 Display 属性可以取值为_____、_____、_____。

2. 选择题

(1) 在 Button 控件中,用于停止验证控件的属性是(   )。

  A. Validation 属性   B. Causes 属性

  C. CasesValidation 属性   D. ControlToValidation 属性

(2) 使用 ValidatorSummary 控件时需要以对话框的形式来显示错误信息,需要(   )。

  A. 设置 ShowSummary 为 true   B. 设置 ShowMessgeBox 为 true

  C. 设置 ShowSummary 为 false   D. 设置 ShowMesseageBox 为 false

(3) 在以下验证控件中,不需要指定 ControlToValidation 属性的验证控件是(   )。

  A. CompareValidator 控件   B. RangeValidator 控件

  C. CustomValidator 控件   D. ValidationSummary 控件

(4) 在验证控件中,ErrorMessage 属性和 Text 属性均设置有文本信息,当验证失败时,验证控件显示的错误信息提示(   )中设置的文本信息。

  A. ErrorMessagte 属性   B. Text 属性

  C. 不显示   D. 不能确定

3. 简答题

(1) 简述 TextBox 控件的 TextMode 属性。

(2) 简述标准控件中的 AutoPostBack 属性。

(3) DropDownList 控件的选项如何设置?

(4) 验证控件中有哪些共同的属性?

4. 上机操作题

(1) 设计一个登录页面,网页上有用户名、密码、用户角色 3 个录入,用户角色使用下拉框或单选框实现。

(2) 制作一个界面,有多个输入,并使用验证控件对其进行验证。

项目 5 数据库与 ADO.NET

一、引言

数据是应用程序的"灵魂",没有数据,程序毫无用处,对于信息管理系统应用更是如此。在程序中数据如何管理是程序开发的核心。数据的保存经历了几个阶段,起初,数据是不保存的,后来数据都是保存在文件中的,但是文件保存数据效率低、共享性低,无法满足用户的需求,因此逐渐被数据库代替。通过数据库管理,可以方便地对程序的数据进行读取、插入、修改和删除等操作。

二、项目要点

本项目通过两个任务讲解了 SQL Server Management Studio(SSMS)操作 SQL Server 数据库,在应用程序开发中常用的 SQL 语句,ADO.NET 的核心类以及连接数据库的步骤。SQL Server 的相关内容是为没有系统学习过数据库知识的读者准备的,对于熟悉 SQL Server 数据库的读者可以跳过任务 5-1。

要求掌握数据库 SQL Server 2008 的安装、配置和基本使用;掌握在 Visual Studio 2010 中连接 SQL Server 2008 数据库;掌握 ADO.NET 的核心类的主要属性和方法;掌握 ADO.NET 的连接数据的过程步骤。

三、任务

任务 5-1 使用数据库管理学生信息

【任务描述】

小王开发应用程序时,客户要求数据必须保存到 SQL Server 数据库中,这可是对小王提出了不小的挑战,因为他以前没有使用过 SQL Server 数据库,他要在很短的时间内学会并能使用数据库进行程序开发。

【任务目的】

(1)掌握数据库的相关概念。
(2)掌握程序开发时常用的 SQL 语句。
(3)掌握 SSMS 数据库客户端的使用。

【任务分析】

对于程序开发而言,数据库的知识主要是 SQL 语言和数据库的基本操作。在开发中有几条 SQL 语句使用频率是非常高的,这些必须掌握;数据库的操作基本上都是使用工具,使用工具可以简化操作,使数据库使用起来更方便,微软公司为 SQL Serer 制作了

SSMS客户端(SQL Server Management Studio),可以通过可视化界面的形式管理和操作数据库。

【基础知识】
1. 数据库

数据库指的是以一定方式储存在一起、能为多个用户共享、具有尽可能小的冗余度、与应用程序彼此独立的数据集合,数据库具有如下优势。

(1) 实现数据共享。

(2) 少数据的冗余度。

(3) 数据的独立性。

(4) 数据实现集中控制。

(5) 数据一致性和可维护性,以确保数据的安全性和可靠性。

(6) 故障恢复。

目前主流的数据库是关系型数据库,除此而外还有一些其他类型的数据库也越来越受到重视,比如面向对象数据库、XML数据库、多媒体数据库、空间数据库等。

管理数据库的软件称作数据库管理系统,是一个系统软件,目前主流的数据库管理系统有 SQL Server、Oracle、DB2、MySQL 等。SQL Server 数据库和.NET 技术都属于微软公司,因此它们之间的集成开发具有绝对优势,使用 ASP.NET 技术的开发者绝大多数都会采用 SQL Server 数据库,因此本书示例数据库也采用微软的 SQL Server 数据库。

2. SQL Server 数据库

SQL Server 是一个关系数据库管理系统。它最初是由 Microsoft、Sybase 和 Ashton-Tate 3 家公司共同开发的,于 1988 年推出了第一个 OS/2 版本。在 Windows NT 推出后,Microsoft 与 Sybase 在 SQL Server 的开发上就分道扬镳了,Microsoft 将 SQL Server 移植到 Windows NT 系统上,专注于开发推广 SQL Server 的 Windows NT 版本。

Microsoft SQL Server 2008 是一个重大的产品版本,它推出了许多新的特性和关键的改进,使得它成为至今为止最强大和最全面的 Microsoft SQL Server 版本。微软的这个数据平台满足这些数据爆炸和下一代数据驱动应用程序的需求,支持数据平台愿景:关键任务企业数据平台、动态开发、关系数据和商业智能。这个平台有以下特点。

(1) 可信任。使得公司可以以很高的安全性、可靠性和可扩展性来运行他们最关键任务的应用程序。

(2) 高效。使得公司可以降低开发和管理他们的数据基础设施的时间和成本。

(3) 智能。提供了一个全面的平台,可以在用户需要时发送观察和信息。

知识链接:SQL Server 主要通过 SSMS 进行管理,包括创建数据库、表、视图、索引等,删除数据库、表、视图、索引等,备份恢复数据库,分离附加数据库等。

3. SSMS

SSMS(Microsoft SQL Server Management Studio)是 Microsoft SQL Serve 提供的一种新集成环境,用于访问、配置、控制、管理和开发 SQL Server 的所有组件。SQL Server Management Studio 将一组多样化的图形工具与多种功能齐全的脚本编辑器组合在一起,可为各种技术级别的开发人员和管理员提供对 SQL Server 的访问。

小提示：SSMS 是一个操作数据库的工具，这个工具可以帮助我们方便地访问和管理数据库，因此需要很好地掌握。

4. SQL 语言

结构化查询语言(Structured Query Language, SQL)是一种数据库查询和程序设计语言，用于存取数据以及查询、更新和管理关系数据库系统；同时也是数据库脚本文件的扩展名。结构化查询语言是高级的非过程化编程语言，允许用户在高层数据结构上工作。它不要求用户指定对数据的存放方法，也不需要用户了解具体的数据存放方式，所以具有完全不同底层结构的不同数据库系统，可以使用相同的结构化查询语言作为数据输入与管理的接口。结构化查询语言语句可以嵌套，这使它具有极大的灵活性和强大的功能。

SQL 于 1974 年由 Boyce 和 Chamberlin 提出，并在 IBM 公司研制的关系型数据库管理系统原型 System R 上实现，SQL 标准从 1986 年公布以来随着数据库技术的发展而不断发展不断丰富，SQL 语言具有如下特点。

(1) 综合统一：SQL 集数据定义 DDL、数据操纵 DML 和数据控制 DCL 于一体，语言风格统一，可以完成数据库中的全部工作。

(2) 使用方式灵活：它具有两种使用方式，既可以直接以命令方式交互使用；也可以嵌入使用，嵌入到 C、C++、FORTRAN、COBOL、Java 等主语言中使用。

(3) 非过程化：只提操作要求，不必描述操作步骤，也不需要导航。使用时只需要告诉计算机"做什么"，而不需要告诉它"怎么做"。

(4) 语言简洁，语法简单，好学好用：在 ANSI 标准中，只包含了 94 个英文单词，核心功能只用 6 个动词，语法接近英语口语。

(5) 面向集合的操作方式：不仅操作对象、查找结果可以是元组的集合，而且一次插入、删除、更新操作的对象也可以是元组的集合。

查询语法：

```
SELECT <目标列名序列>
FROM <数据源>
[WHERE <条件表达式>]
[GROUP BY <分组依据>]
[HAVING <组提取条件>]
[ORDER BY <排序依据列>desc|asc]
```

插入语法：

```
INSERT INTO <表名>(字段列表) VALUES(列值表)
```

修改语法：

```
UPDATE <表名>SET <列名=表达式>[…] [WHERE <修改条件>]
```

删除语法

```
DELETE FROM <表名>[WHERE <删除条件>]
```

知识链接：在 SQL 语句中，查询语句比较复杂，尤其是逻辑复杂的查询，十分容易出错。作为ASP.NET程序员必须掌握基本的SQL语句。

5. 实例表

本书项目中采用数据库名为StudentDb,有3张表:Student、Course和SC表,如表5-1~表5-3所示。Student表用于储存学生信息表,Course表用于储存课程信息表、SC表用于储存学生选课表。

表5-1 Student表

学号(sno)	姓名(sname)	性别(ssex)	年龄(sage)	系别(sdept)
201403031121	李勇	男	20	CS
201403031123	王敏	女	19	CS
201403031124	张硕	男	17	MA
201403031127	问天	男	17	IS

表5-2 Course表

课程号(cno)	课程名(cname)	先行课(cpno)	学分(ccredit)
1	数据库系统原理	5	4
2	高等数学		2
3	管理信息系统	1	2
4	操作系统	6	4
5	数据结构	7	4
6	信息方法论		2
7	C语言	6	4

表5-3 SC表

学号(sno)	课程号(cno)	成绩(score)	学号(sno)	课程号(cno)	成绩(score)
201403031121	1	80	201403031124	1	88
201403031121	2	78	201403031124	2	82
201403031121	3	66	201403031124	6	58
201403031121	4	91			

6. SQL示例

下边以实例形式简单介绍在应用程序开发过程中使用较多的SQL语句。

注意:SQL语言中,不区分字母大小写,可以根据自己习惯选择大写、小写或是大小混写。

(1) 查询所有学生信息:

SELECT * FROM STUDENT

或

```
SELECT SNO,SNAME,SSEX,SAGE,SDEPT FROM STUDENT
```

(2) 查询学号为"201215121"的学生信息：

```
SELECT * FROM STUDENT WHERE SNO=' 201215121'
```

(3) 查询"刘"姓学生信息：

```
SELECT * FROM STDUENT SNAME LIKE '刘%'
```

(4) 按照年龄顺序查询学生信息：

```
SELECT * FROM STDUENT ORDER BY SAGE
```

(5) 查询学生选课及成绩情况：

```
SELECT A.SNAME,B.CNAME,C.SCORE FROM STUDENT A,COURSE B,C-S C
WHERE A.SNO=C.SNO AND C.CNO=B.CNO
```

(6) 添加学生""的信息：

```
INSERT INTO STUDENT(SNO,SNAME,SSEX,SAGE,SDEPT) VALUES()
```

(7) 更新学生""的信息：

```
UPDATE STUDENT SET SNAME='',SSEX='',SAGE='',SDEPT='' WHERE SNO=''
```

(8) 删除学号为""的学生信息：

```
DELETE FROM STUDENT WHRE SNO=''
```

注意：在删除语句里，通常需要有 WHERE 条件，即限定条件，如果没有则会删除对应表的所有数据，更新与此道理相同。

【任务实施】

第1步 去微软官网，下载 SSMS(SQL Server Management Studio)软件，单击安装程序，开始安装，弹出安全警告窗口，如图 5-1 所示。

图 5-1 安全警告窗口

第2步 单击"运行"按钮，弹出"程序兼容性助手"窗口，如图 5-2 所示。

第3步 单击"运行程序"按钮，弹出 SQL Server Installation Center 窗口，如图 5-3 所示。

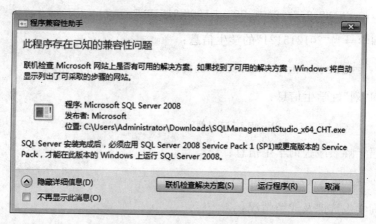

图 5-2 "程序兼容性助手"窗口

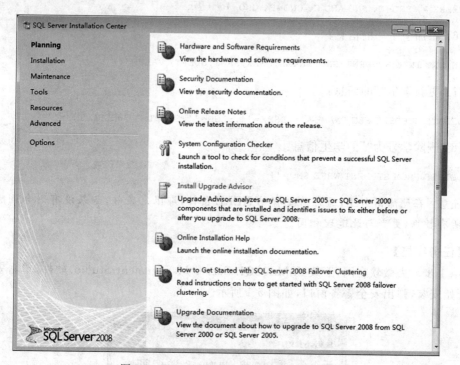

图 5-3 SQL Server Installation Center 窗口

第 4 步 单击 Installation(安装)按钮,在窗口右边展示出程序安装选择项,如图 5-4 所示。

第 5 步 单击第一项,弹出 Setup Support Rules 窗口,如图 5-5 所示。

注意:如果出现图 5-5 所示的 Reset Computer 规则检查失败,则需要修改注册表,否则可以省略第 6 步。

第 6 步 步骤注册表的修改:

(1) 选择"程序"|"运行"菜单命令,在"运行"窗口的打开输入框内输入"regedit",如图 5-6 所示。

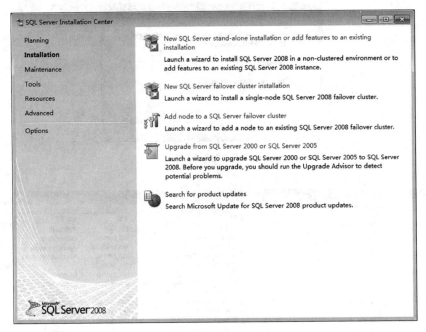

图 5-4　程序安装选择项

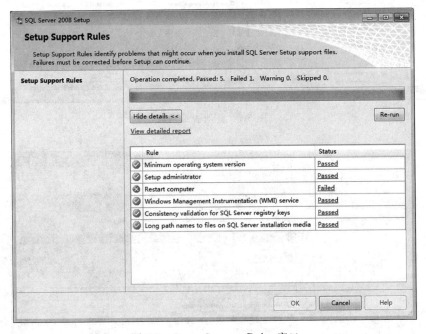

图 5-5　Setup Support Rules 窗口

（2）单击"确定"按钮，打开注册表编辑器，如图 5-7 所示。找到注册表项 HKEY_LOCAL_MACHINE \ SYSTEM \ CurrentControlSet \ Control \ Session Manager，删除 PendingFileRenameOperations 即可。

第 7 步　单击 Setup Support Rules 窗口中的 Rerun 按钮，规则验证都通过，如图 5-8 所示。

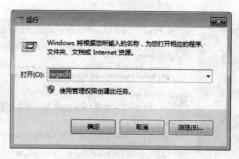

图 5-6 "运行"窗口

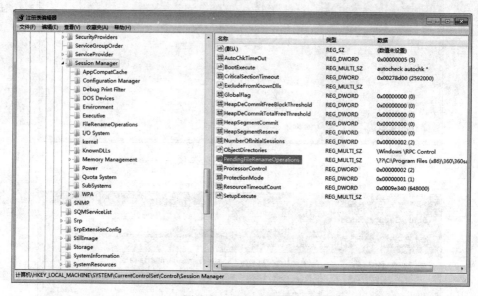

图 5-7 注册表编辑器

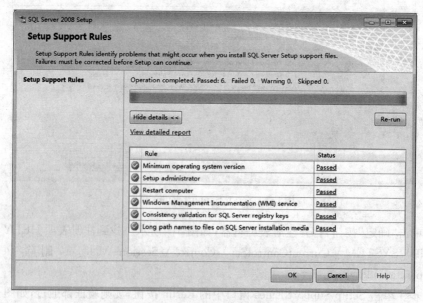

图 5-8 规则验证都通过

第 8 步　单击 OK 按钮,进入 Product Key 窗口,本任务采用的是 Express 版本,因此不需要输入序列号,如图 5-9 所示。

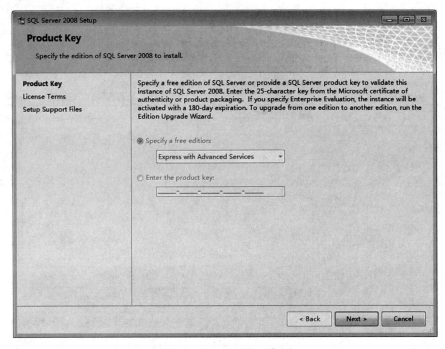

图 5-9　Product Key 窗口

第 9 步　单击 Next 按钮,进入 License Terms 窗口,如图 5-10 所示。

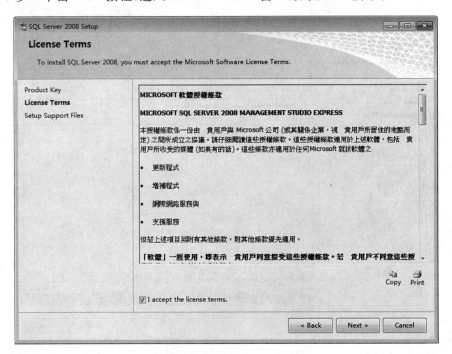

图 5-10　License Terms 窗口

• 125 •

第 10 步　选中 I accept the licence terms 项，单击 Next 按钮，进入 Setup Support Files 窗口，如图 5-11 所示。

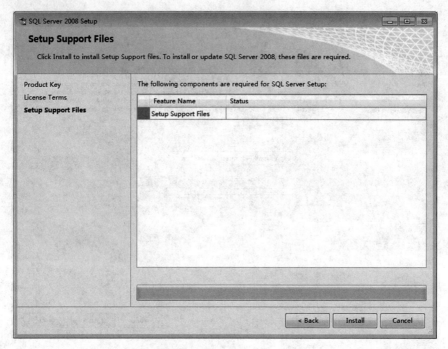

图 5-11　Setup Support Files 窗口

第 11 步　单击 Install 按钮，开始安装前的检查，如图 5-12 所示。

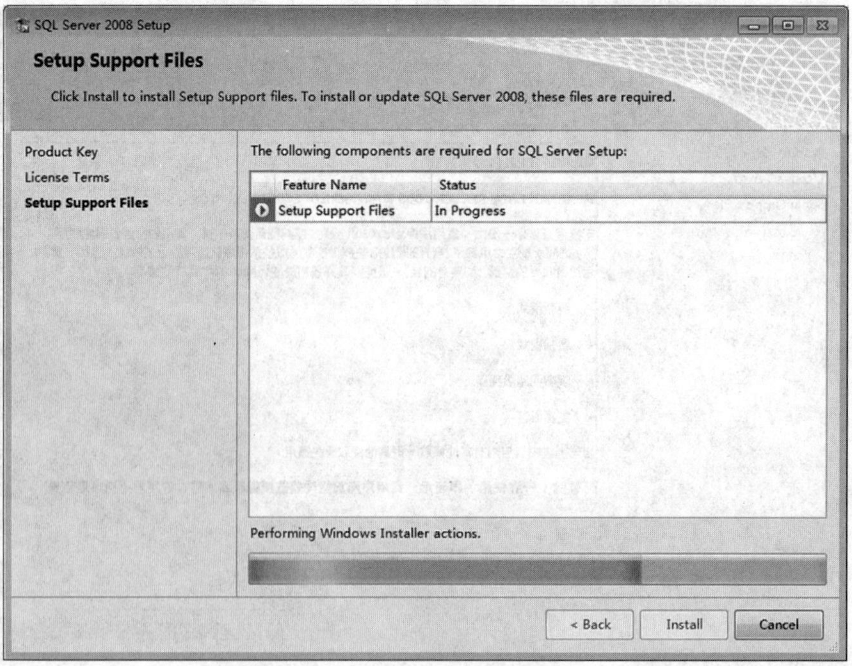

图 5-12　开始安装前的检查

第 12 步　安装检查完后，会给出检查结果，如图 5-13 所示。

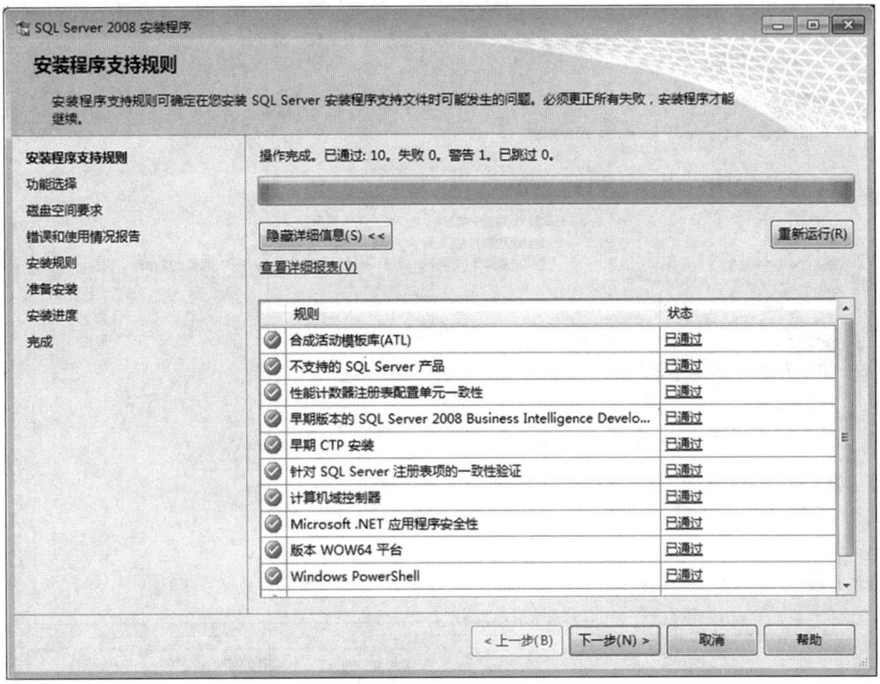

图 5-13　检查结果

第 13 步　单击"下一步"按钮，进入"功能选择"窗口，如图 5-14 所示。

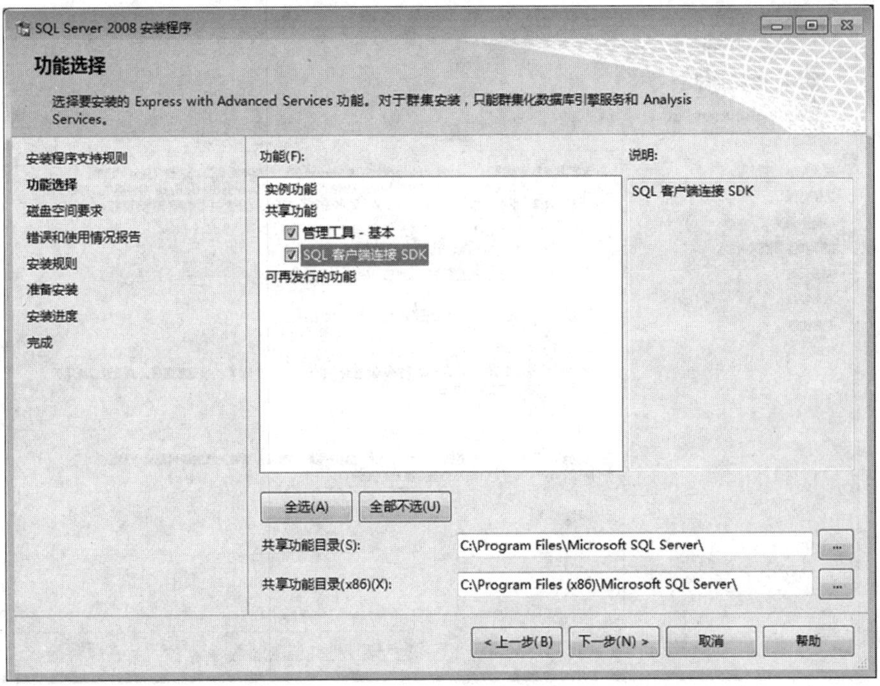

图 5-14　"功能选择"窗口

第14步 选中"管理工具-基本"项,单击"下一步"按钮,进入"磁盘空间要求"窗口,如图 5-15 所示。

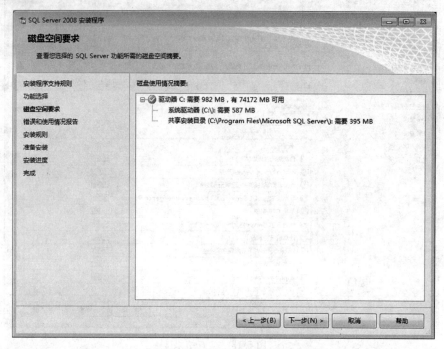

图 5-15 "磁盘空间要求"窗口

第15步 单击"下一步"按钮,进入"错误和使用情况报告"窗口,如图 5-16 所示。

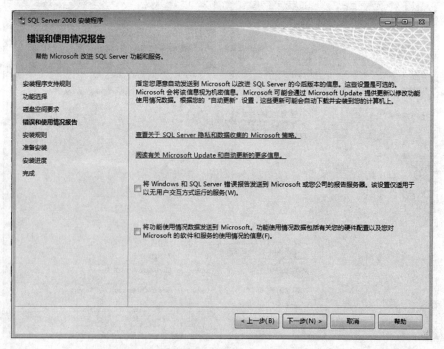

图 5-16 "错误和使用情况报告"窗口

第 16 步　单击"下一步"按钮,进入"安装规则"窗口,如图 5-17 所示。

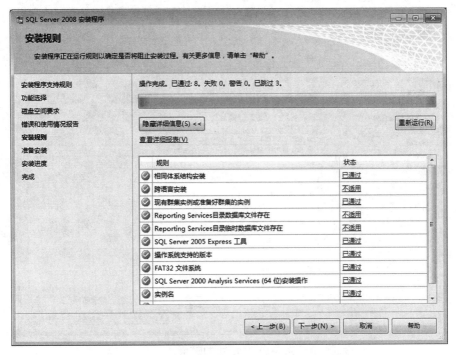

图 5-17　"安装规则"窗口

第 17 步　单击"下一步"按钮,进入"准备安装"窗口,如图 5-18 所示。

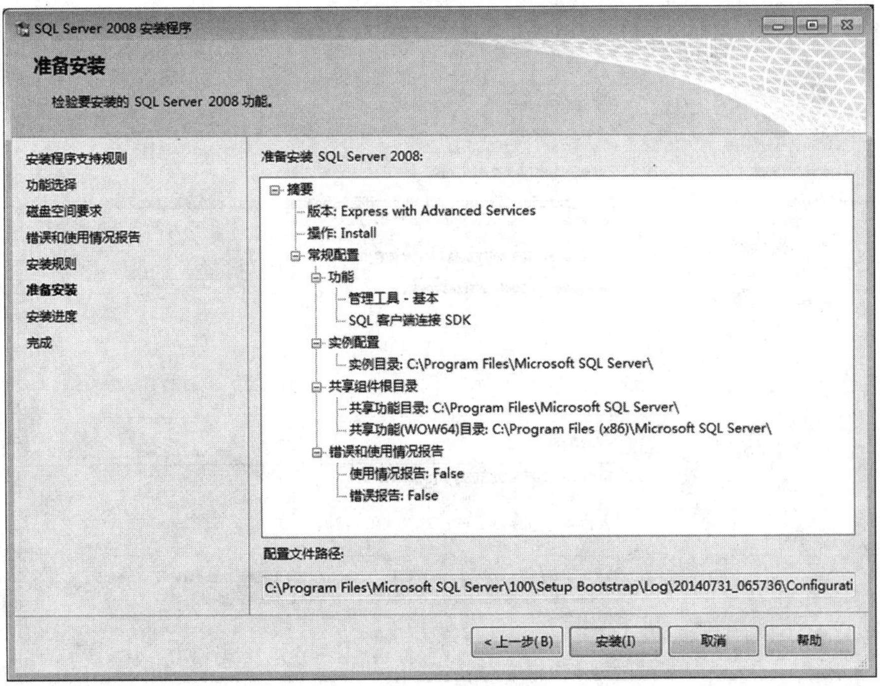

图 5-18　"准备安装"窗口

第 18 步　单击"下一步"按钮,进入"安装进度"窗口,如图 5-19 所示。

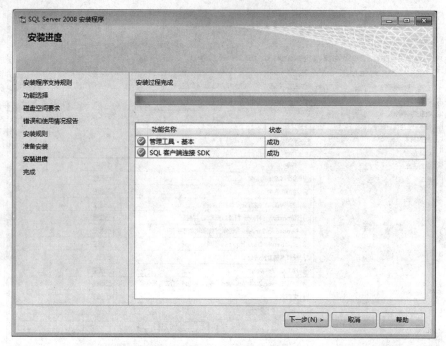

图 5-19　"安装进度"窗口

第 19 步　等安装完成,会出现"下一步"按钮,单击"下一步"按钮,进入"完成"窗口,如图 5-20 所示。单击"关闭"按钮,SQL Server Management Studio 安装完成。

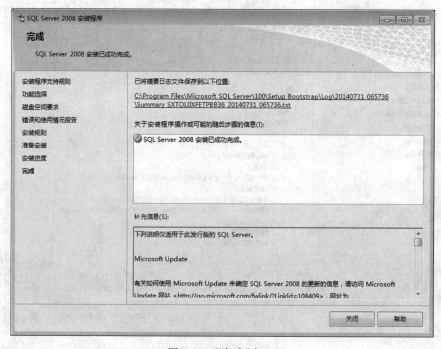

图 5-20　"完成"窗口

以上为 SQL Server Management Studio 的安装，下边是 SQL Server Management Studio 的使用，主要讲解通过它操作数据库。

第 1 步　选择"开始"|"所有程序"|Microsoft SQL Server 2008|SQL Server Management Studio 菜单命令，如图 5-21 所示。

第 2 步　单击打开 SQL Server Mangement Studio，如图 5-22 所示。

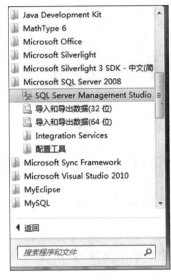

图 5-21　启动菜单

图 5-22　登录界面

第 3 步　服务器名称设置为"(local)"或"."，身份验证设置为"Windows 身份验证"，单击"连接"按钮，登录到数据库服务器，如图 5-23 所示。

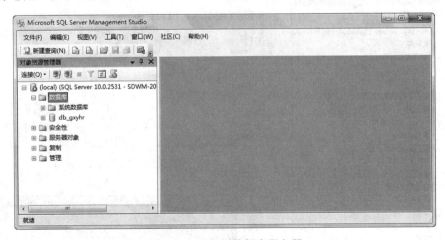

图 5-23　登录到数据库服务器

第 4 步　右击"对象资源管理器"中的"数据库"结点，从弹出的快捷菜单中选择"新建数据"命令，打开"新建数据库"窗口，如图 5-24 所示。

第 5 步　输入数据库名称 StudentDB，单击"确定"按钮，数据库创建成功，如图 5-25 所示。

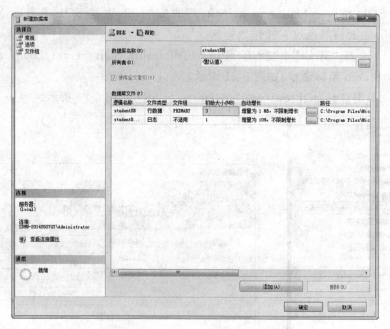

图 5-24 "新建数据库"窗口

第 6 步 展开 studentDB 数据库,右击"表",从弹出的快捷菜单中选择"新建表"命令,打开"表格创建"窗口,如图 5-26 所示。

第 7 步 输入列表、设置数据类型,设置 sno 为主键,选中表头,右击,从弹出的快捷菜单中选择"保存",弹出"选择名称"对话框,如图 5-27 所示。

图 5-25 数据库创建成功

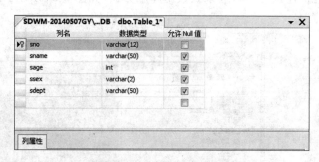

图 5-26 "表格创建"窗口

图 5-27 "选择名称"对话框

第 8 步　输入"Student",单击"确定"按钮,数据库中 Student 表创建成功。
第 9 步　在"对象资源管理器"中找到 student 表,右击,从弹出的快捷菜单中选择"编辑前 200 行",打开表数据编辑窗口,如图 5-28 所示。

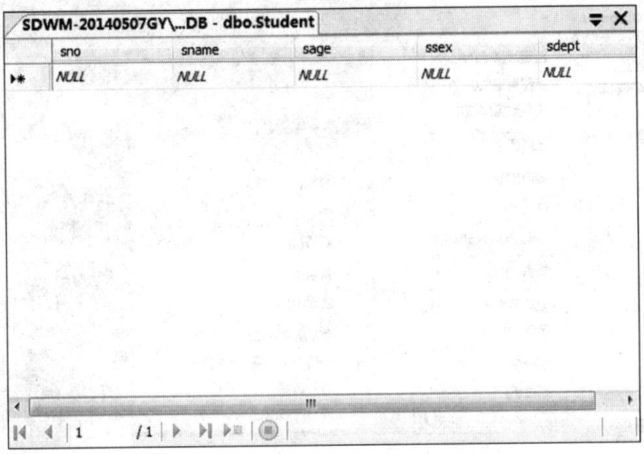

图 5-28　表数据编辑器窗口

第 10 步　输入学生数据,右击表头上的表名处,从弹出的快捷菜单中选择"保存"或者"关闭",关闭前会提示是否保存,如图 5-29 所示。

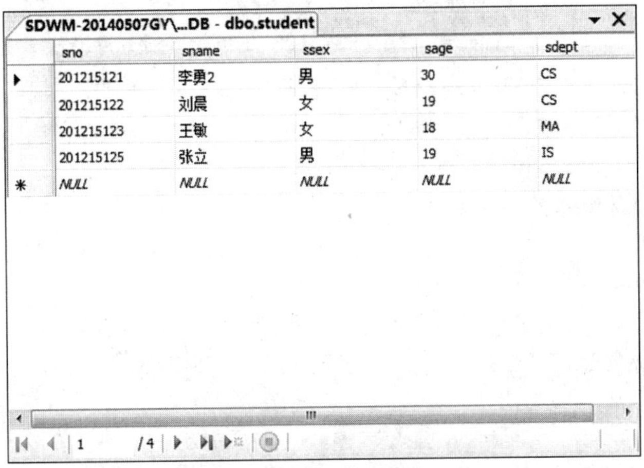

图 5-29　保存的表

第 11 步　右击 studentDB 数据库,从弹出的快捷菜单中选择"任务"|"分离"命令,如图 5-30 所示。
第 12 步　在第 11 步中单击"分离"按钮,打开"分离数据库"窗口,如图 5-31 所示。
注意:如果此处不选中"删除连接"选项,可能会出现错误,如图 5-32 所示。
第 13 步　选中"删除连接"选项,单击"确定"按钮,如图 5-33 所示,studentDB 数据库被分离,被分离的数据库在对象资源管理器中无法找到。
第 14 步　右击"对象资源管理器"中的"数据库"结点,从弹出的快捷菜单中选择"附加"命令,如图 5-34 所示。

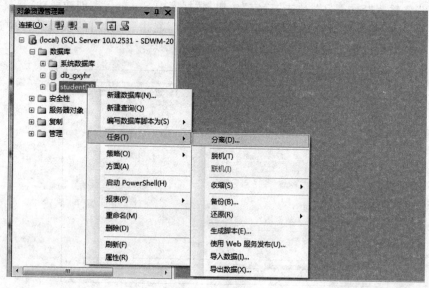

图 5-30 快捷菜单

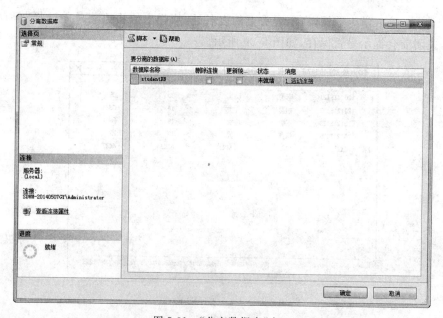

图 5-31 "分离数据库"窗口

图 5-32 出错提示

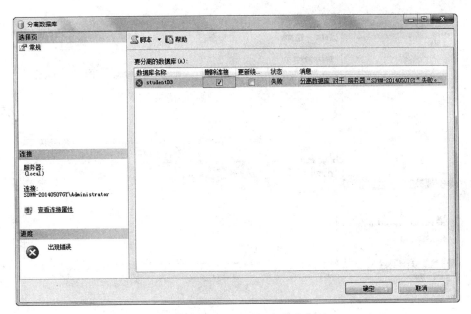

图 5-33 被分离的数据库无法找到

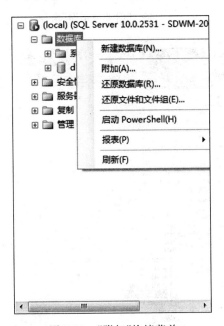

图 5-34 "附加"快捷菜单

第 15 步　选择"附加"命令,打开"附加数据库窗口",如图 5-35 所示。

第 16 步　单击"添加"按钮,打开"定位数据库文件"窗口,如图 5-36 所示。

第 17 步　找到并选中 studentDB.mdf 文件,单击"确定"按钮,数据库附加成功,在"对象资源管理器"又可以找到"studentDB"数据库了。

第 18 步　在"对象资源管理器"中找到 studentDB 数据库,右击,从弹出的快捷菜单中选择"新建查询"菜单项,打开"查询器"窗口,如图 5-37 所示。

· 135 ·

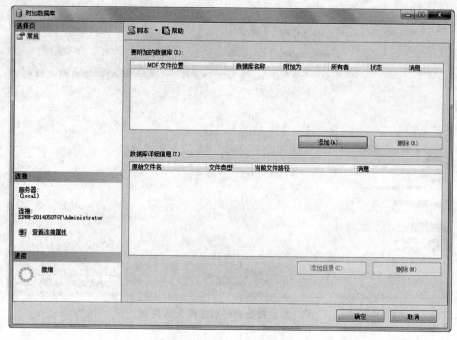

图 5-35 "附加数据库"窗口

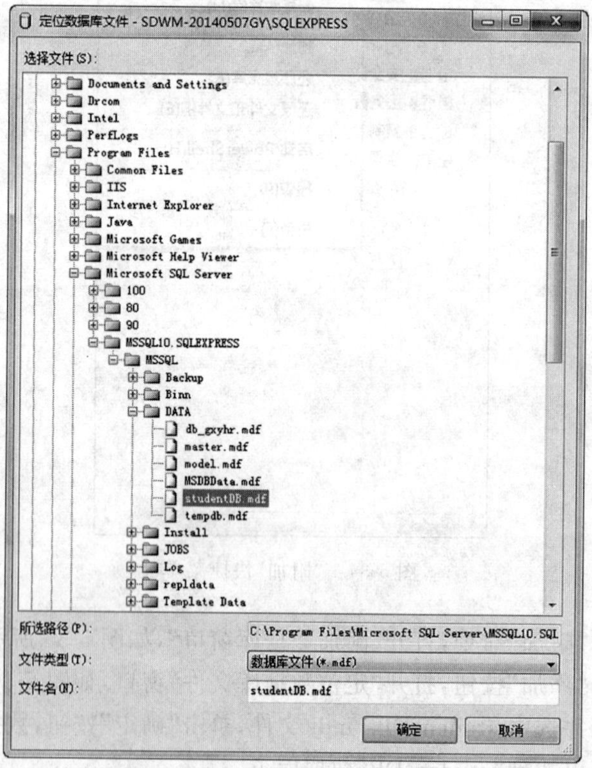

图 5-36 "定位数据库文件"窗口

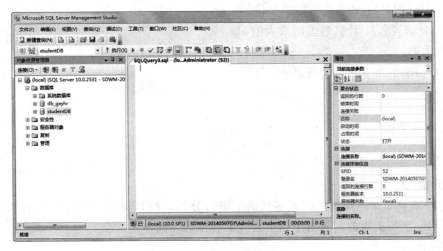

图 5-37 "查询器"窗口

第 19 步 在"查询器"中输入 SQL 语句"select * from student",单击"执行"按钮,执行 SQL 语句,在 SQL 语句的下边出现查询结果,如图 5-38 所示。

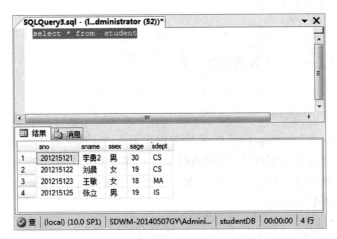

图 5-38 输入查询条件后得到的结果

【任务小结】

本任务演示了数据库客户端软件 SSMS 的安装及使用,并简单演示了在 SSMS 中如何操作数据库以及执行 SQL 语句。本任务中 SQL 语言是一个重点,但是由于 SQL 知识杂碎,无法一一演示,需要读者自己在 SSMS 客户端中多练习。

【拓展提高】

1. 聚集函数

SQL 中提供了以下聚集函数。

(1) Count(*):统计表中的记录个数。

(2) Sum(列名):计算列值的总和。

(3) Avg(列名):计算列值的平均值。

(4) Min(列名)：计算列值的最小值。

(5) Max(列名)：计算列值的最大值。

使用示例：

(1) 查询学生表中有多少条记录：

Select count(*) from Student

(2) 查询课程的总学分：

Select sum() from Course

2. 分组

分组是查询结果按照某一列或多列的值进行分组，值相等的为一组，在 SQL 中分组是由 Group By 子句实现的。分组子句常常和聚集函数一同使用。

使用示例：

(1) 查询各个课程的被选情况

SELECT CNO,COUNT(CNO) FROM SC GROUP BY CNO

(2) 查询课程被选修情况：

SELECT CNO,COUNT(*) GROM SC GROUP BY CNO

(3) 查询选修了 3 门以上课程的学生学号：

SELECT SNO GROM SC GROUP BY SNO HAVING COUNT(*)>3

3. 存储过程

存储过程(Stored Procedure)是在大型数据库系统中，一组为了完成特定功能的 SQL 语句集，经编译后存储在数据库中，用户通过指定存储过程的名字并给出参数(如果该存储过程带有参数)来执行它。存储过程是数据库中的一个重要对象，任何一个设计良好的数据库应用程序都应该用到存储过程。

(1) 创建存储过程：

```
create procedure sp_name
@[参数名] [类型],@[参数名] [类型]
as
begin
…
end
```

以上格式还可以简写成：

```
create proc sp_name
@[参数名] [类型],@[参数名] [类型]
as
begin
…
end
```

(2) 调用存储过程：

```
exec sp_name [参数名]
```

(3) 删除存储过程：

```
drop procedure sp_name
```

注意：不能在一个存储过程中删除另一个存储过程，只能调用另一个存储过程。

任务 5-2　使用 ADO.NET 操纵学生信息

【任务描述】

客户要求小王开发一个学生信息管理系统，最基础的就是学生信息的呈现以及在呈现的基础上对学生信息进行修改和删除。

【任务目的】

掌握 ADO.NET 的核心类以及类的常用属性和方法。

掌握 ADO.NET 的开发过程。

掌握 DataReader 和 DataSet 读取数据库的差别。

掌握 Command 对象执行数据库的类型。

【任务分析】

本任务是在连接数据库的基础上，读取和更新数据库的数据。大多数高级编程语言对于基本的数据库访问操作比较类似，ADO.NET 也提供了类似的处理方式，除此而外，ADO.NET 提供了一个其他高级语言不具有的功能，读取数据直接绑定到网页控件，特别是 DataSet 和绑定控件的配合使用，更是功能强大、使用方便。

本任务使用 ADO.NET 技术访问查询操纵数据库，使用到了 ADO.NET 的核心类。ADO.NET 访问数据库的知识比较规范，是同一个套路，刚开始感觉比较难，熟悉之后比较简单。

【基础知识】

1. ADO.NET 基础

ADO.NET 有两个核心组件：.NET 数据提供者和 DataSet 数据集。其中.NET 数据提供者是数据库的访问接口，负责数据的链接和数据库的操作，完成数据提供者的对象包括 Connection 对象、Command 对象、DataAdapte 对象、DataReader 对象；DataSet 数据集是一个内存中的数据集，可以看作是一个把数据库搬迁到内存中，虚拟的数据库。

.NET 中常用的数据提供程序有 4 种：

(1) SQL Server 数据提供程序，适用于 SQL Server 数据库。

(2) OLE DB 数据提供程序，适用于所有提供了 OLE DB 接口的数据源，如 Access 等。

(3) ODBC 数据提供程序，适用于所有提供了 ODBC 控件的数据源。

(4) Oracle 数据提供程序，适用于 Oracle 数据库。

以上 4 种数据提供者都有自己对应的 Connection 对象、Command 对象、DataReader 对象、DataAdapter 对象。比如 SQL Server 数据提供程序的对象为 SqlConnection 对象、SqlCommand 对象、SqlDataReader 对象、SqlDataAdapter 对象。4 种数据提供程序中，ASP

.NET技术中,通常使用SQL Server数据提供程序。

4个核心对象的作用如下。

(1) Connection对象:用于建立与特定数据源的连接。

(2) Command对象:用于执行SQL语句,如添加、修改、删除数据等。

(3) DataReader对象:用于返回一个来自Command对象的只读、只能向前的数据流。

(4) DataAdapter对象:用于把数据从数据源中读取到一个内存表中,以及把内存表中的数据写回一个数据源,它是一个双向通道。DataAdpater提供了DataSet对象和数据源的桥梁。

2. 常用对象

本书以SQL Server数据提供程序为例,讲解ADO.NET的使用,其他的数据源和它的使用几乎一模一样,只需要把SQL Server的对象更改为数据源的ADO.NET对象即可。

(1) SqlConnection对象。SqlConnection对象是ADO.NET提供的访问SQL Server数据库的连接类,通过它可以和数据库建立连接。

SqlConnection对象在连接SQL Server数据库时,需要设置连接字符串,这是SqlConnection对象的核心属性。连接字符串包含多个参数,常用参数如表5-4所示。

表5-4 SqlConnection对象主要属性

名 称	说 明
DataSource/Server	数据库实例的名称或网络地址,本地为(local)
Initial Catalog/Database	数据库名称
Trusted_Connection/ Integranted Security	是否使用Windows账户进行身份验证
Password/Pwd	数据库登录密码
User ID	数据库登录用户名

SqlConnection对象的主要方法如表5-5所示。

表5-5 SqlConnection对象主要方法

名 称	说 明
Open	打开连接
Close	关闭连接

(2) SqlCommand对象。SqlCommand对象用来执行各种SQL命令,常用的命令有Select、Insert、Update和Delete等。

SqlCommand对象的属性如表5-6所示。

表5-6 SqlCommand对象主要属性

名 称	说 明
CommandText	获取或设置Command对象所要在数据源上执行的SQL语句或存储过程
CommandTimeOut	设置或获取Command命令执行并产生一个错误前等待时间,类型为int,单位为秒,默认值为30。

续表

名称	说明
CommandType	表示 CommandText 值的类型,其值可能为:Text(SQL)、StoredProcedure(存储过程)、TableDirect(返回所有列的表名)
Connection	设置或返回与该命令相关的 Connection 对象
Parameters	一个 Parameter 对象的集合。可以通过向该集合中添加新的 Parameter 对象,在执行 Command 命令时传递参数
Transaciton	返回该命令所处的 Transaction 对象

SqlCommand 对象的方法如表 5-7 所示。

表 5-7　SqlCommand 对象主要方法

名称	说明
Cancel	取消所执行的命令
CreateParameter	创建 SQL 语句中包含的参数对象
ExecuteNonQuery	执行没有返回值的 SQL 语句
ExecuteReader	执行结果返回一个数据流
ExecuteScalar	返回单个值。常常用于返回统计结果

SqlCommand 通过 ExecuteReader 方法来执行数据查询(Select 语句),通过 ExecuteNonQuery 方法来执行数据操作(Insert、Update、Delete 语句)。

小提示:ExecuteReader 和 ExecuteNonQuery 针对不同的 SQL 语句,千万不能用错,否则程序一定错误。

(3) SqlDataReader 对象。SqlDataReader 对象是一种数据流,通过该对象返回的查询结果是只读并且只能向前读,不可以通过该对象来更新数据库,也不可以向后读数据。

SqlDataReader 对象常用属性如表 5-8 所示。

表 5-8　SqlDataReader 对象常用属性

名称	说明
IsClosed	获取状态 true 或 false
FieldCount	获取字段数目
Item	获取或设置字段内容
RecordsAffected	获取执行 insert、update 和 delete 语句后有多少行受到影响

SqlDataReader 对象常用方法如表 5-9 所示。

(4) SqlDataAdapter 对象。SqlDataAdapter 对象是数据适配器对象,主要负责处理数据源格式和 DataSet 使用的格式之间的转换,在数据访问中作用至关重要,它是数据源和 DataSet 之间的桥梁。该对象可以读取、添加、更新和删除数据源中的记录。

表 5-9 SqlDataAdapter 对象常用方法

名称	说明
Close	关闭
getBoolean(ordinal)	获取 ordinal+1 列的内容,返回值为 boolean 类型
GetDataTypeName(ordinal)	获取 ordinal+1 列的数据源类型名称
getFileType(ordinal)	获取 ordinal+1 列的数据类型
GetName(ordinal)	获取 ordinal+1 列的字段名称
getOrdinal(ordinal)	获取 ordinal+1 列的字段列号
GetValue(ordinal)	获取 ordinal+1 列的内容
GetValues(values)	取得所有字段内容,并将内容放在 values 数组中
IsDBNullordinal()	判断 ordinal+1 列是否为空,返回 Boolean
Read	读取下一条数据,如果没有,将返回 false

SqlDataAdapter 对象的主要属性如表 5-10 所示。

表 5-10 SqlDataAdapter 对象的主要属性

名称	说明
DeleteCommand	获取或设置一个 Transact-SQL 语句或存储过程,以从数据源删除记录
InsertCommand	获取或设置一个 Transact-SQL 语句或存储过程,以从数据源插入新记录
SelectCommand	获取或设置一个 Transact-SQL 语句或存储过程,以从数据源选择记录
UpdateCommand	获取或设置一个 Transact-SQL 语句或存储过程,以从数据源修改记录
TableMappings	SqlDataAdapter 用来将查询的结果映射到 DataSet 的集合信息中
ContinueUpdate	控制 SqlDataAdapter 在遇到一个错误之后是否继续提交更改

SqlDataAdapter 对象的主要方法如表 5-11 所示。

表 5-11 SqlDataAdapter 对象主要方法

名称	说明
Fill	执行存储于 SelectCommand 中的查询,并将结果存储在 DataTable 中
FillSchema	为存储在 SelectCommand 中存储的查询获取架构信息。获取查询中各列名称和数据类型
GetFillParameters	为 SelectCommand 对象获取一个包含着参数的数组
Updte	向数据库提交存储在 DataSet(或 DataTable、DataRows)中的更改。该方法会返回一个整数值,其中包含着在数据存储中成功更新的行数

SqlDataAdapter 对象的主要事件如表 5-12 所示。

表 5-12 SqlDataAdapter 对象主要事件

名称	说明
FillError	当 SqlDataAdapter 遇到填充 DataSet 或 DataTable 的一个错误时,该事件被触发
RowUpdated	向数据库提交一个修改的行之后触发
RowUpdating	向数据库提交一个修改的行之前触发

SqlDataAdapter 对象构造方法有多个,其使用方式也就有多种。

① `SqlDataAdaper sda=new SqlDataAdaper();`
  `Sda.SelectCommand=new SqlCommand("select * from student",conn);`
② `SqlCommand cmd=new SqlCommand("select * from student",conn);`
  `SqlDataAdaper sda=new SqlDataAdaper(cmd);`
③ `SqlDataAdaper sda=new SqlDataAdaper("select * from student",conn);`
④ `SqlDataAdaper sda=new SqlDataAdaper("select * from student",conn);`

此处 url 是数据源连接字符串。

(5) DataSet 对象。DataSet 类似于一个小型的关系数据库,包含一个或多个表。数据存储在 DataTable 对象中,每个 DataTable 对象包含 DataRow 对象的集合、DataColumn 对象的集合和 Constraint 对象的集合。

DataSet 对象是 DataTable 对象的集合,并且管理 DataTable 之间的关系,允许引用完整性、级联更新等。

DataSet 对象是一个容器,可以从数据适配器执行的 SQL 命令或存储过程中填充数据,DataSet 的设计是为了实现独立于任何数据源的数据访问。

DataSet 对象的常用属性如表 5-13 所示。

表 5-13 DataSet 对象常用属性

名称	说明
CaseSensitive	用于控制 DataTable 中的字符串比较是否区分大小写
DataSetName	当前的 DataSet 的名称。如果不指定,则该属性设置为 NewDataSet
HasError	表示 DataSet 中的 DataRow 对象是否包含错误
DesignMode	如果在设计时使用组件中的 DataSet,DesignMode 返回 True,否则返回 False
Tables	检查现有的 DataTable 对象。
Relations	返回一个 DataRelationCollection 对象

小提示:通过索引方式访问 DataTable 具有更好的性能。

DataSet 对象的常用方法如表 5-14 所示。

(6) DataTable 对象。DataTable 对象也是 ADO.NET 的核心对象之一,该对象是元数据和数据的集合,元数据通过 DataColumn 对象和 Constraint 对象的集合描述,数据包含在 DataRow 对象的集合中。DataTable 可以独立存在,也可以作为 DataSet 的一部分。

DataTable 的常用属性如表 5-15 所示。

表 5-14 DataSet 对象常用方法

名称	说明
Clear	清除 DataSet 中的所有对象,该方法比释放一个 DataSet 然后再创建一个 DataSet 效率要高
GetChanges	返回与原 DataSet 对象具有相同结构的新 DataSet,并且还包含原 DataSet 中的所有挂起更新的行
HasChange	表示 DataSet 中是否包含挂起更改的 DataRow 对象
Reset	将 DataSet 返回为未初始化状态

表 5-15 DataTable 对象常用属性

名称	说明
Rows	获取属于该表的行的集合
Columns	获取属于该表的列的集合
PrimaryKey	指示哪一列或哪几列构成主键
DefaultView	获取可能包含筛选视图或游标位置的表的自定义视图
TableName	获取或设置 DataTable 的名称

DataTable 对象的常用方法如表 5-16 所示。

表 5-16 DataTable 对象常用方法

名称	说明
ImportRow	添加来自具有相同架构的其他 DataTable 中的 DataRow 的副本
Select	返回根据提供的参数进行排序和筛选的 DataRow 对象的数组
Clear	清除 DataTable 里的所有数据

3. ADO.NET 过程

ADO.NET 数据库应用程序的开发流程步骤如下。

第 1 步　创建数据库,创建相应的表,录入相应数据。

第 2 步　导入相应的命名空间。导入 ADO.NET 命名空间语法如下:

using System.Data;
using System.Data.SqlClient;

注意:在没有导入命名空间的情况下,使用命名空间下的对象,系统会报错,并且编写代码也不会给出提示。

如果使用的对象限于 SqlConnection 对象、SqlCommand、SqlDataReader、SqlDataAdapter 对象,则只需要第二句,如果使用 DataSet 对象,则需要加第一句。

第 3 步　通过 Connection 对象创建与数据库的连接。语法如下:

SqlConnection conn=new SqlConnection(url);

其中 url 是连接字符串,比如:

```
url="Data Source=.;Initial Catalog=studentDb;Integrated Security=True";
```

第 4 步 通过 Commad 对象对数据库执行 SQL 语句。

```
SqlCommand cmd=new SqlCommand(sql, conn);
cmd.ExecuteNonQuery();
```

第 5 步 通过 DataReader 对象读取数据源中数据。

```
SqlDataReader reader=cmd.ExecuteReader();
while(reader.Read())
    {
        Response.Write(reader["sno"]);
        Response.Write(reader["sname"]);
        Response.Write(reader["ssex"]);
        Response.Write(reader["sage"]);
        Response.Write(reader["sdept"]);
    }
```

第 6 步 关闭数据库的连接,释放 DataReader 对象。

```
reader.Cloase();
conn.Close();
```

读取数据库的对象除了 DataReader 外,还有 DataSet 对象,它和 DataAdapter 对象一起来完成读取数据源,即第 5 步可以通过 DataSet 读取数据。如果是数据更新操作,则没有第 5 步。

DataSet 对象和 DataAdapter 对象读取数据库:

```
string url="Data Source=.;Initial Catalog=studentDb;Integrated Security=True";
    SqlConnection conn=new SqlConnection(url);
    SqlCommand cmd=new SqlCommand("select * from Student", conn);
    SqlDataAdapter sda=new SqlDataAdapter(cmd);
    DataSet ds=new DataSet();
    sda.Fill(ds);
```

4. ASP.NET 中 SQL 语句

SQL 语句在 ASP.NET 中是一个字符串,Commad 对象会把这个字符串作为参数。SQL 语句本身并不难写,但是在 ASP.NET 中,时常会和变量穿插在一起,因此对于初学者是一个难点,也是一个很容易出错的地方。在 ASP.NET 中使用数据库的方式有三种:

(1) 拼写 SQL 语句。把 SQL 语法与 C# 中的变量拼在一起,形成一条 SQL 语句,比如,学生的学号、姓名、性别、年龄和系别 5 个变量,目前这 5 个变量都已经赋值,现在要把数据保存到数据库,拼凑 SQL 语句为:

```
string sql=" insert into student values('"+sno+"','"+sname+"','"+ssex+"','"+sage+"','"+sdept+"')";
```

这里其实就是字符串的连接,但是由于 SQL 语句中字符串使用单引号,而 C♯语言中使用字符串使用双引号,因此就出现了例子中的情况,很多引号在一起了,这对初学者是个考验,需要认真仔细才能拼写无误。

小技巧:拼凑 SQL 语句很容易出错,为了在出错时能够及时发现,可以把拼凑好的 SQL 语句输出,程序出错时,检查 SQL 语句,可以快速定位修订错误。

(2)参数法。由于第一种方法复杂且容易出错,因此目前使用较多的是参数法,该方法把数据在 SQL 语句中定义为参数,因此这种 SQL 语句和普通的 SQL 语句无异,在 SQL 执行前对参数赋值即可。

参数法的用法是 Command 对象的 Parameters 属性,这个属性是一个 SqlParameter 对象的数组,具体使用如下。

```
string sql="insert into student values(@sno,@sname,@ssex,@sage,@sdept)";
    SqlParameter paraName1=new SqlParameter("@sno",sno);
    SqlParameter paraName2=new SqlParameter("@sname", sname);
    SqlParameter paraName3=new SqlParameter("@ssex", ssex);
    SqlParameter paraName4=new SqlParameter("@sage", sage);
    SqlParameter paraName5=new SqlParameter("@sdept", sdept);
    cmd.Parameters.Add(paraName1);
    cmd.Parameters.Add(paraName2);
    cmd.Parameters.Add(paraName3);
    cmd.Parameters.Add(paraName4);
    cmd.Parameters.Add(paraName5);
```

其中,cmd 是 Command 对象,sno、sname、ssex、sage 和 sdept 是变量。

(3)存储过程。在 ADO.NET 中,还可以调用存储过程,这种方法应用不如参数法广,并且难度也大,因此放到拓展提高中讲解。

【任务实施】

第 1 步 新建网站 chap5-2,添加新项"Web 窗体",使用默认名 Default.aspx,把 Default.aspx 由源代码视图切换到设计视图。

第 2 步 向 Default.aspx 窗体拖放控件,控件为 5 个 Label、5 个 TextBox 和 1 个 Button 控件,如图 5-39 所示。

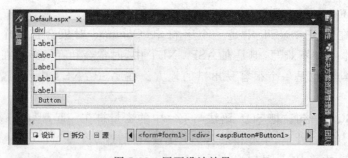

图 5-39 网页设计效果

第 3 步 修改控件的属性。按照表 5-17 修改控件属性。

表 5-17 控件属性

控 件	属性及属性值	控 件	属性及属性值
第 1 个 Label	Text：学号	第 2 个 TextBox	ID：tbxSnane
第 2 个 Label	Text：姓名	第 3 个 TextBox	ID：tbxSsex
第 3 个 Label	Text：性别	第 4 个 TextBox	ID：tbxSage
第 4 个 Label	Text：年龄	第 5 个 TextBox	ID：tbxSdept
第 5 个 Label	Text：系别	Button	Text：添加
第 1 个 TextBox	ID：tbxSno		

控件属性修改后，设计效果如图 5-40 所示。

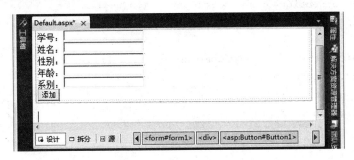

图 5-40 设置控件属性

第 4 步 双击"添加"按钮，进入按钮的 Click 事件，在 Click 所在的文件内编写代码，最终代码如下。

注意：Connection 在使用之前，一定要打开。

```
using System;
using System.Collections.Generic;
using System.Linq;
using System.Web;
using System.Web.UI;
using System.Web.UI.WebControls;
using System.Data.SqlClient;

public partial class _Default : System.Web.UI.Page
{
    protected void Page_Load(object sender, EventArgs e)
    {
        if (!this.IsPostBack)
        {
            this.ShowStudent();
        }
    }
```

```csharp
protected void Button1_Click(object sender, EventArgs e)
{
    string sno=this.tbxSno.Text;
    string sname=this.tbxSname.Text;
    string ssex=this.tbxSsex.Text;
    string sage=this.tbxSage.Text;
    string sdept=this.tbxSdept.Text;
    string sql=" insert into student values('"+sno+"','"+sname+"',
            '"+ssex+"','"+sage+"','"+sdept+"')";

    string url="Data Source=.;Initial Catalog=studentDb;Integrated
            Security=True";
    SqlConnection conn=new SqlConnection(url);
    conn.Open();

    SqlCommand cmd=new SqlCommand(sql, conn);
    cmd.ExecuteNonQuery();
    conn.Close();
    this.ShowStudent();
}

private void ShowStudent()
{
    string url="Data Source=.;Initial Catalog=studentDb;Integrated
            Security=True";
    SqlConnection conn=new SqlConnection(url);
    conn.Open();
    SqlCommand cmd=new SqlCommand("select * from Student", conn);
    SqlDataReader reader=cmd.ExecuteReader();

    while(reader.Read())
    {
        Response.Write(reader["sno"]);
        Response.Write(",");
        Response.Write(reader["sname"]);
        Response.Write(",");
        Response.Write(reader["ssex"]);
        Response.Write(",");
        Response.Write(reader["sage"]);
        Response.Write(",");
        Response.Write(reader["sdept"]);
        Response.Write("<br>");
    }
    reader.Close();
    conn.Close();
```

        }
    }

第 5 步　启动调试,页面运行效果如图 5-41 所示。

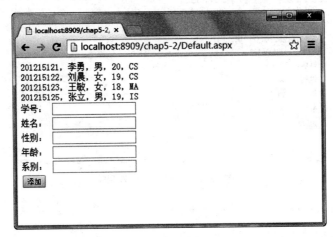

图 5-41　页面运行效果

第 6 步　在输入框内输入信息,如图 5-42 所示。

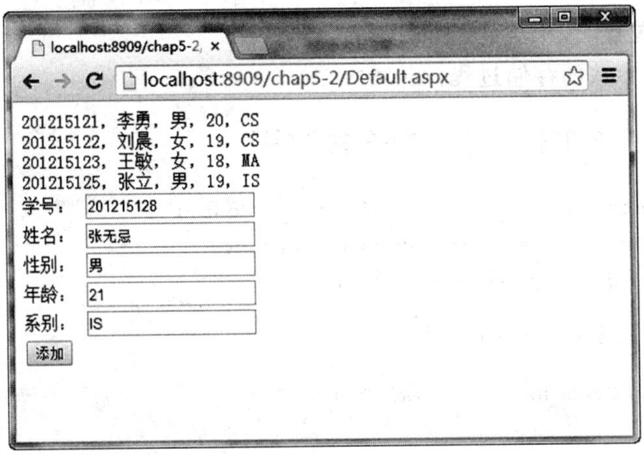

图 5-42　页面录入效果

第 7 步　单击"添加"按钮,输入数据被添加到数据库,并从数据库读取呈现在网页上,效果如图 5-43 所示。

【拓展提高】

1. 数据库连接字符串保存在 Web.config 中

在 Web.config 中配置数据源连接字符串:

```
<connectionStrings>
    <add name="studentDbConnectionString" connectionString="Data
    Source=.;Initial Catalog=studentDb;Integrated Security=True"
    providerName="System.Data.SqlClient"/>
```

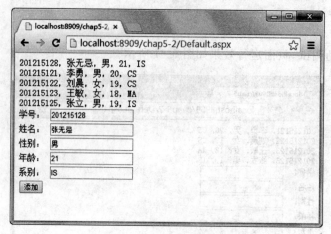

图 5-43 添加学生后效果

```
</connectionStrings>
```

在程序中获取字符串：

```
String url
=Connection(ConfigurationManager.ConnectionStrings["connStr"].ConnectionString;
```

2. 调用存储过程

（1）执行不带参数的存储过程：

```
SqlConnection Conn=new SqlConnection(url);
Conn.Open();
SqlCommand cmd=new SqlCommand("sp_name1", Conn);
cmd.CommandType=CommandType.StoredProcedure;
SqlDataReader dr=cmd.ExecuteReader();
```

（2）执行带普通参数的存储过程：

```
SqlConnection Conn=new SqlConnection(url);
Conn.Open();
SqlCommand cmd=new SqlCommand("sp_name2 ", Conn);
cmd.CommandType=CommandType.StoredProcedure;
cmd.Parameters.Add("@sno", SqlDbType.VarChar, 9);
cmd.Parameters["@sno"].Value="201403031124";
SqlDataReader dr=cmd.ExecuteReader();
```

（3）执行带 output 型参数的存储过程：

```
SqlConnection Conn=new SqlConnection(url);
Conn.Open();
SqlCommand cmd=new SqlCommand("sp_name3", Conn);
cmd.CommandType =andType.StoredProcedure;
cmd.Parameters.Add("@Count", SqlDbType.VarChar, 9);
cmd.Parameters["@count"].Direction=ParameterDirection.Output;
```

```
SqlDataReader dr=cmd.ExecuteReader();
```

四、项目小结

本项目讲解了 SQL 的核心知识、SSMS 的使用以及 ADO.NET 的主要对象和开发过程，本内容属于 ASP.NET 数据库编程的基础，是现代程序开发必不可少的技术。

五、项目考核

1. 填空题

（1）ADO.NET 有两个核心组件：.NET 数据提供者和_____。

（2）ADO.NET 访问数据的方式有两种，其中一种是通过_____对象，它是读取数据的最简单的方式，只能进行读取，且只能按顺序从头到尾依次读取数据。

（3）SqlConnection 对象可以使用_____属性来获取或设置打开 SQL 数据库的连接字符串。

（4）当 Command 对象用于存储过程时，可以将 Command 对象的 CommandType 属性数值设置为_____。

（5）DataAdapter 对象的_____方法用于使用 DataAdapter 对象的_____的结果填充 DataSet。

（6）.NET FrameWork 数据提供程序的 4 个核心对象是_____、_____、_____和_____。

2. 选择题

（1）关于 DataReader 对象，下列说法正确的是（ ）
    A. 可以从数据源随机读取数据
    B. 从数据源读取的数据可读可写
    C. 从数据源读取只前进且只读的数据流
    D. 从数据源读取可往前也可往后且只读的数据流

（2）如果要将 DataSet 对象修改的数据更新回数据源，应使用 DataAdapter 对象的（ ）方法。
    A. Fill   B. Change   C. Update   D. Refresh

（3）在 DataSet 中可以有（ ）DataTable。
    A. 1 个   B. 2 个   C. 多个   D. 不确定

（4）ADO.NET 对象中链接数据库的对象是（ ）。
    A. Connection 对象   B. Command 对象
    C. DataSet 对象   D. DataReader 对象

（5）ADO.NET 命名空间提供了多个数据库访问操作的类，其中（ ）提供了 SQL Server 数据库设计的数据存取类。
    A. System.Data   B. System.Data.SqlClient
    C. System.Data.Sql   D. System.Web

3. 简答题

(1) ASP.NET 中访问数据主要有哪几种方式？

(2) 简要说明适用 DataReader 对象访问数据库的优缺点。

(3) 简述 DataSet 对象的功能

(4) 简述 ADO.NET 的开发步骤。

(5) 简述数据查询和操纵的 SQL 语法。

4. 上机操作题

(1) 在 SSMS 客户端中，练习任务 5-1 中的 SQL 语句。

(2) 使用 DataReader 对象呈现课程信息，并且能添加课程。

(3) 使用 DataSet 对象呈现课程信息。

项目6　数据控件与数据绑定

一、引言

数据绑定是 ASP．NET 的特色，它提供了另外一种数据库访问技术。与 ADO．NET 相比数据绑定技术的优点十分明显：程序员可以不关注数据库的连接、数据库的命令以及执行等细节，直接把数据源绑定到数据控件即可完成工作。

二、项目要点

本项目通过 4 个任务讲解数据源控件、数据绑定控件的使用，要求掌握数据源控件及其配置；掌握数据绑定控件的常用属性、事件和配置；掌握 GridView 控件的使用；理解 DetailsView、ListView、DataList 等控件的使用。

本项目讲解 ASP．NET 中数据库编程的高级应用，是.NET 技术特有的技术，也是.NET 在快速开发方面的优势所在。

三、任务

任务 6-1　使用 SqlDataSource 控件检索数据

【任务描述】

小王在开发过程中，感觉数据库的读取十分麻烦，代码重复率也很高，他想找一种简单快捷的从数据库读取数据的方法，从而提高开发效率。ASP．NET 提供的 SqlDataSource 控件正好满足小王的需要。

【任务目的】

掌握数据源控件的使用，创建和配置 SqlDataSource 控件。

使用 SqlDataSource 控件从数据库表中检索满足条件的数据。

使用 SqlDataSource 控件从数据库表中检索结果进行排序。

【任务分析】

用户经常需要从数据库中检索信息并在 ASP．NET 网页中显示它们，为此，需要学习 ASP．NET 如何从数据库中检索数据。ASP．NET 提供了一组"数据源控件"的 Web 控件，专门设计用于访问底层数据库的数据。使用数据源控件检索数据库数据非常简单，只需要拖放一个控件到 ASP．NET 网页中，并按照向导提示制定要获取的数据库数据。

SqlDataSource 控件是 ASP．NET 提供的诸多控件之一，SqlDataSource 控件使用的难度在于其配置，其必要的配置为两项，一是连接字符串，二是 SELECT 语句。

【基础知识】

1. 数据源控件

数据源控件可从数据源中检索数据，可以用于绑定到各种数据绑定控件。数据源控件大大减少了为检索和绑定数据甚至对数据进行排序、分页或编辑而需要编写的自定义代码的数量和工作量。

在 ASP.NET 中主要有 7 种数据源控件，每个数据源控件的名称都以 DataSource 结尾。每个数据源控件设计用于操作不同数据源，即进行特定类型的数据访问。表 6-1 描述了 ASP.NET 中的每个数据源控件。

表 6-1 ASP.NET 中的数据源控件

数据源控件名称	说　　明
SqlDataSource	支持访问 ADO.NET 数据提供的所有数据源。该控件默认可以访问 ODBC、OLEDB、SQL Server、Oracle 和 SQL Server CE 提供的数据
AccessDataSource	可以对 Access 数据库执行特定的访问
ObjectDataSource	可以对业务对象或其他返回数据的类执行特定的数据访问
LinqDataSource	可以使用 LINQ 查询不同类型的数据
XmlDataSource	可以对 XML 文档执行特定的数据访问，包括物理访问和内存访问
SiteMapDataSource	可以对站点地图提供程序存储的 Web 站点进行特定数据访问
EntityDataSource	EntityDataSource 适合和实体数据模型生成器一起来生成快速开发的应用程序

数据源控件在 Visual Studio 的工具箱的"数据"部分找到，如图 6-1 所示。

虽然不同的数据源控件使用于特定的数据源，但所有的数据源控件共享一组基本的核心功能，因此所有数据源控件的使用都是相同的。使用 ASP.NET 开发时，最常用的数据源为 Microsoft SQL Server 数据库系统，而操作 Microsoft SQL Server 数据库的数据源控件为 SqlDataSource，因此本书重点讲解 SqlDataSource 控件。

注意：数据源控件是用来检索数据库数据的，不能在网页中显示，若要显示数据，需要使用其他控件，比如 GridView、DataList 等服务器控件。

2. SqlDataSource 控件

SqlDataSource 控件需要访问 Microsoft SQL Server 数据库，为了节省时间，可直接使用第 5 章的数据库。

图 6-1 Visual Studio 中的数据源控件

（1）建立 SqlDataSource 控件。SqlDataSource 控件的建立十分简单，只需从 Visual Studio 工具箱中把 SqlDataSource 控件拖放到网页即可。

（2）配置 SqlDataSource 控件。SqlDataSource 控件的配置过程步骤较多，但可以分为两项，一是连接字符串的配置，主要为选择数据源的类型、选择数据库服务器、选择数据库等;二是配置 SELECT 语句,主要为选择表、选择列、添加 WHERE 条件、设置排序等。SqlDataSource 控件的主要属性如表 6-2 所示。

表 6-2 SqlDataSource 控件属性

属 性 名 称	说　　　明
ID	该属性唯一地表示该数据源控件
ConnectionString	该属性制定用于连接到数据库的连接字符串,通常连接字符串保存在 Web 应用程序的配置文件中,即 web.fonfig 中
SelectCommand	该属性指定向数据库发出的 SELECT 查询语句

配置好的 SqlDataSource 控件代码如下:

```
<asp:SqlDataSource ID="SqlDataSource1" runat="server"
    ConnectionString="<%$ ConnectionStrings:studentDbConnectionString %>"
    SelectCommand="SELECT * FROM [student]"></asp:SqlDataSource>
```

其中 ConnectionString 的值为＜％ $ ConnectionStrings:studentDbConnectionString ％＞,此处意思为连接字符串保存在 web.config 文件中。在 web.config 文件中可以找到如下代码,此代码为系统自动生成。

知识链接:SqlDataSource 控件除了 SelectCommand 属性外,还可以有 InsertCommand、UpdateCommnand 和 DeleteCommand 属性,也就是说可以通过 SqlDataSource 查询、插入、修改和删除数据。

```
<connectionStrings>
    <add name="studentDbConnectionString" connectionString="Data Source=.\SQLEXPRESS;Initial Catalog=studentDb;Integrated Security=True"
        providerName="System.Data.SqlClient" />
</connectionStrings>
```

【任务实施】

第 1 步　新建一个网站,命名为:cha6_1,添加一个名称为 defalut.aspx 的 ASP.NET 网页,再从工具箱中拖放 SqlDataSource 控件到网页中。

第 2 步　单击 SqlDataSource 数据源控件的右边的"大于符号",单击"配置数据源"按钮,如图 6-2 所示。

第 3 步　单击下拉框,若存在符合条件连接则选中,否则单击"新建连接"按钮,如图 6-3 所示。

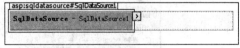

图 6-2　数据源控件

第 4 步　选中 Microsoft SQL Server 项,单击"确定"按钮,如图 6-4 所示。

第 5 步　设置服务器名为".\sqlexpress",选择"使用 Windows 身份验证",选择数据库名为 studentDb,如图 6-5 所示,然后单击"确定"按钮。

第 6 步　单击连接字符串前的"+"号,查看链接字符串,单击"下一步"按钮,如图 6-6 所示。

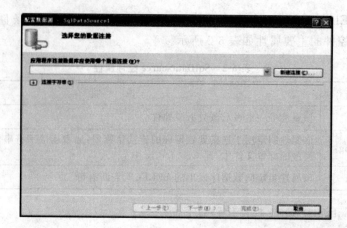

图 6-3 选择连接

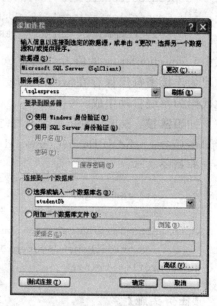

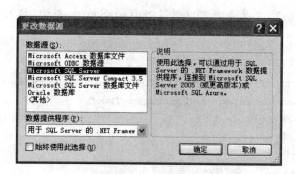

图 6-4 选择数据源　　　　　　　　　图 6-5 添加链接

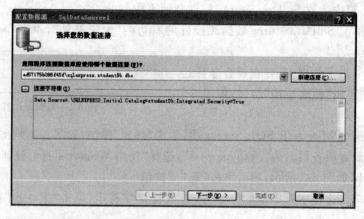

图 6-6 连接字符串

小提示：第一次配置数据源控件时，需要"新建连接"，以后就可以直接选择连接，单击"新建连接"前的下拉框，就可以看到以前创建的连接。

第 7 步　单击"下一步"按钮，保存连接到配置文件，如图 6-7 所示。

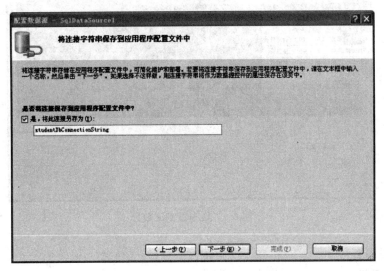

图 6-7　连接字符串保存

第 8 步　指定表的名称为 student，选中所有列，单击"下一步"按钮，如图 6-8 所示。

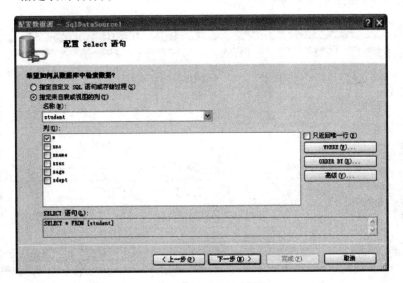

图 6-8　配置 SELECT 语句

第 9 步　单击"测试查询"，查看数据，如图 6-9 所示。

【任务小结】

本任务介绍了 DataSource 数据源控件，重点介绍了 SqlDataSource 控件的创建和配置。SqlDataSource 数据源控件设计用于从数据库检索数据。SqlDataSource 需要两项信息才能从数据库中检索数据：连接到数据库的信息和要执行的 SQL 查询语句。

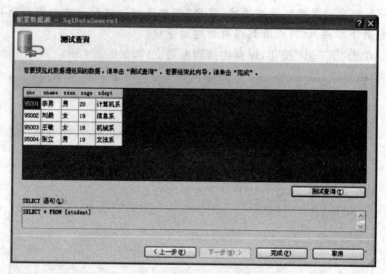

图 6-9 数据源测试数据

【拓展提高】

1. 筛选数据

第 1 步 在配置 SELECT 语句的基础上,如图 6-8 所示,单击 WHERE 按钮,弹出添加筛选条件对话框,如图 6-10 所示。

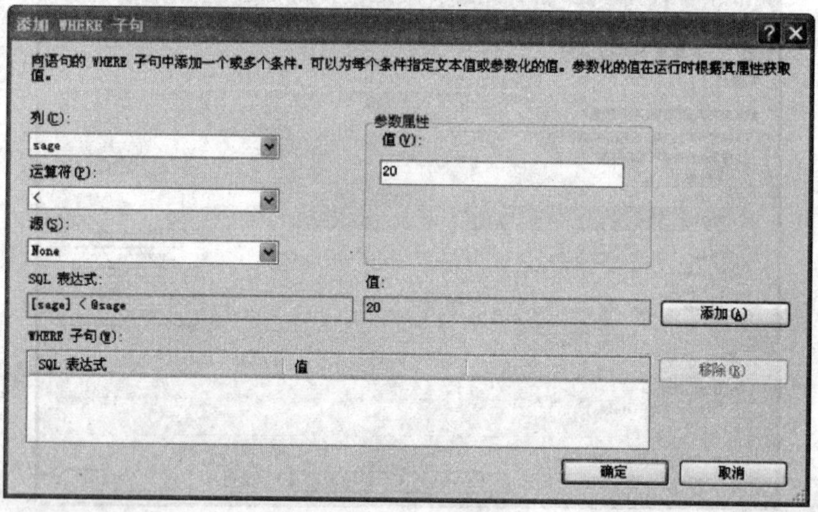

图 6-10 添加筛选条件

第 2 步 列选中 sage,运算符选中"<",源选中 None,值填写为 20,然后单击"添加"按钮,添加筛选条件对话框界面变为图 6-11 所示效果,单击"确定"按钮。

小提示:此处较难,请认真理解和操作。

第 3 步 在"测试查询"对话框中单击"测试查询",弹出"参数值编辑器"对话框,如图 6-12 所示。

第 4 步 单击"确定"按钮,出现测试结果,如图 6-13 所示。

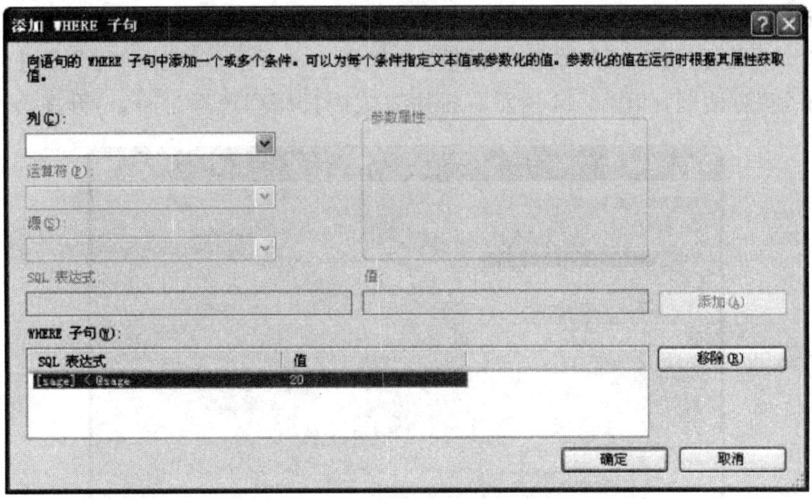

图 6-11 筛选条件结果

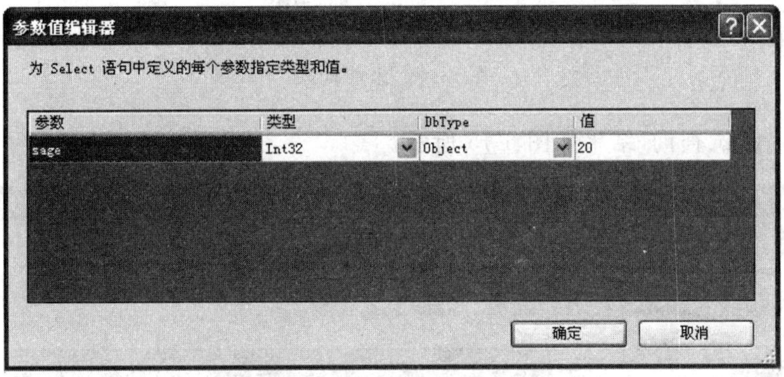

图 6-12 参数值编辑器

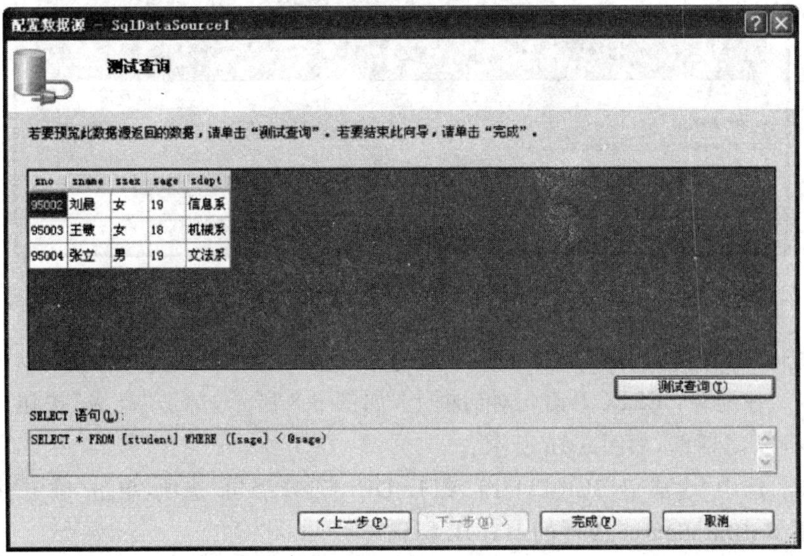

图 6-13 测试查询结果

2. 数据排序

第 1 步　在配置 SELECT 语句对话框上,如图 6-8 所示,单击"排序"按钮,弹出"添加 Order by 子句"对话框,如图 6-14 所示。排序方式中排序列选择为 sage,升序。

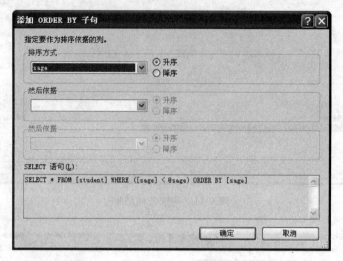

图 6-14　添加排序

第 2 步　测试查询,结果如图 6-15 所示。

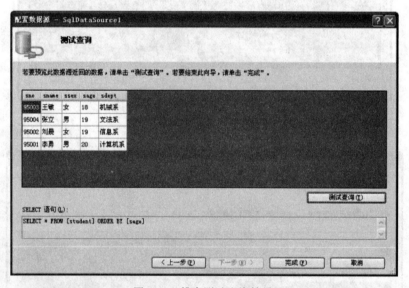

图 6-15　排序测试查询结果

3. 生成 INSERT、UPDATE、DELETE 语句

第 1 步　在配置 SELECT 语句对话框上,如图 6-8 所示,单击"高级"按钮,弹出"高级 SQL 生成选项"对话框,如图 6-16 所示。

第 2 步　选中"生成 INSERT、UPDATE、DELETE 语句"选项,单击"确定"按钮。

4. 查看 SqlDataSource 控件的 HTML 标记

经过以上 SqlDataSource 控件的配置,包括配置连接字符串、SELECT 语句以及

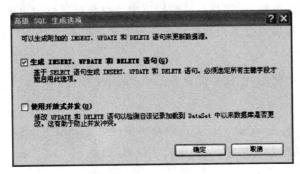

图 6-16 高级 SQL 生成选项

WHERE 条件和排序、INSERT、UPDATE、DELETE 语句,生成的 HTML 代码如下。

```
<asp:SqlDataSource ID="SqlDataSource1" runat="server"
    ConnectionString="<%$ ConnectionStrings:studentDbConnectionString %>"
    DeleteCommand="DELETE FROM [student] WHERE [sno]=@sno"
    InsertCommand="INSERT INTO [student] ([sno], [sname], [ssex], [sage],
                [sdept]) VALUES (@sno, @sname, @ssex, @sage, @sdept)"
    SelectCommand="SELECT * FROM [student] WHERE ([sage] &lt; @sage) ORDER BY [sage]"
    UpdateCommand="UPDATE [student] SET [sname]=@sname, [ssex]=@ssex, [sage]=
                @sage, [sdept]=@sdept WHERE [sno]=@sno">
    <DeleteParameters>
        <asp:Parameter Name="sno" Type="String" />
    </DeleteParameters>
    <InsertParameters>
        <asp:Parameter Name="sno" Type="String" />
        <asp:Parameter Name="sname" Type="String" />
        <asp:Parameter Name="ssex" Type="String" />
        <asp:Parameter Name="sage" Type="Int32" />
        <asp:Parameter Name="sdept" Type="String" />
    </InsertParameters>
    <SelectParameters>
        <asp:Parameter DefaultValue="20" Name="sage" Type="Int32" />
    </SelectParameters>
    <UpdateParameters>
        <asp:Parameter Name="sname" Type="String" />
        <asp:Parameter Name="ssex" Type="String" />
        <asp:Parameter Name="sage" Type="Int32" />
        <asp:Parameter Name="sdept" Type="String" />
        <asp:Parameter Name="sno" Type="String" />
    </UpdateParameters>
</asp:SqlDataSource>
```

任务 6-2 实现学生下拉框绑定数据

【任务描述】

小王发现下拉框内容固定,在系统运行过程中,需要时常维护,费时费力,他在想能不能把下拉框的数据项放入数据库,下拉框从数据库中读取数据后显示出来,这样在系统运行过程中,如果有改变,则可以通过维护数据库内的数据来维护系统。

【任务目的】

掌握数据源控件的使用,创建和配置 SqlDataSource 控件。

【任务分析】

SqlDataSource 控件是 ASP.NET 提供众多控件之一,SqlDataSource 控件使用的难度在于其配置,其必要的配置为两项,一是连接字符串,二是 SELECT 语句。

【基础知识】

1. 数据绑定

在 ASP.NET 中,引入了数据绑定语法,使用该语法可以轻松将 Web 控件的属性绑定到数据源,语法为:

`<%#DataSource%>`

这里的 DataSource 表示各种数据源,可以是变量、表达式、属性、列表、数据集、视图等。

在指定了绑定数据源后,通过调用控件的 DataBind() 方法或者该控件所属父控件的 DataBind() 方法来实现页面的所有控件的数据绑定,从而在页面中显示出相应的绑定数据。DataBind() 方法是 ASP.NET 的 Page 对象和所有 Web 控件的成员方法由于 Page 对象是该网页中所有控件的父控件,所以在该页面中调用 DataBind() 方法将会使页面中的所有数据绑定被处理。通常情况下,Page 对象的 DataBind() 方法在 Page_Load 事件响应函数中调用:

```
protected void Page_Load(object sender, EventArgs e)
    {
        Page.DataBind();
    }
```

2. 绑定变量

数据绑定到变量的语法格式为

`<%#简单变量名称%>`

其中,变量名称必须是可用的变量。如果变量的声明在后台代码,要将其设为 public 或 protected 类型,否则将出现变量受保护级别限制的错误。

3. 绑定集合

数据绑定到集合的语法格式为

`<%#简单集合%>`

绑定集合的情况主要用于一些多记录服务器控件,比如 DropDownList 控件、ListBox 控件和 GridView 等。

4. 绑定表达式

数据绑定到表达式的语法为

```
<%#表达式%>
```

在许多管理信息系统中,经常需要显示一些计算得出的数据,对于这些数据,可以利用表达式做一些简单处理,然后将表达式的执行结果绑定到控件的属性上,将这些数据显示出来。

5. 绑定方法

数据绑定到方法返回值的语法格式为

```
<%#方法(参数列表)%>
```

对于复杂的计算,需要对数据进行比较复杂的操作计算,必须利用方法对其进行处理,然后把方法的返回值绑定到显示控件的属性。

6. 控件绑定数据

数据绑定控件可以是单值控件,也可以是多记录控件,其中单值控件使用数据绑定较少,主要是多记录的服务器控件使用数据绑定,该类控件主要包括 DropDownList、ListBox、GridView、DataList、FormView、Repeater 等控件。

该类控件在绑定时,可以直接把数据绑定到显示控件的属性,也可以使用C#语句动态绑定。

知识链接:在实际项目中,为了系统灵活性和维护方便,很多数据都是来自于数据库,而不是写到代码中,而ASP.NET可以直接把数据库的数据绑定到页面上,提供了很大的方便。

【任务实施】

第1步 创建项目 chap6-2,新建 Web 窗体 default.aspx。

第2步 在 default.aspx 的设计视图中,放入一个 SqlDataSource 控件,对 SqlDataSource 控件进行设置,设置过程与项目6的任务6-1相同,如图6-17所示。

图 6-17 放入 SqlDataSource 界面

第3步 在设计窗口输入"学生:"字样,在其后拖入一个 DropDownList 控件,效果如图 6-18 所示。

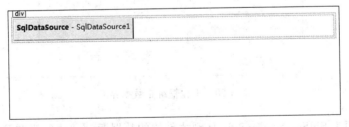

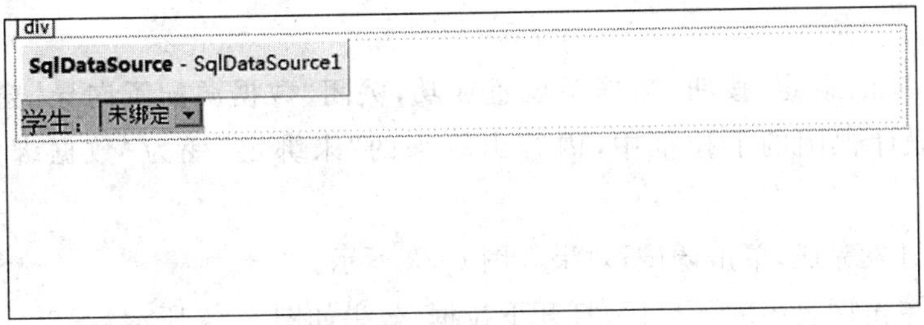

图 6-18 放入下拉框界面

第 4 步 单击"下拉框控件"右边的">"符号,打开下拉框控件的设置窗口,如图 6-19 所示。

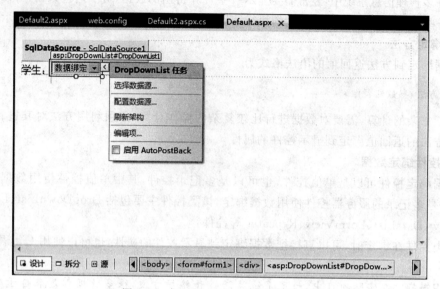

图 6-19 打开 DropDownList 任务界面

第 5 步 单击图 6-19 弹出窗口的"选择数据源",打开设置数据源向导,如图 6-20 所示。

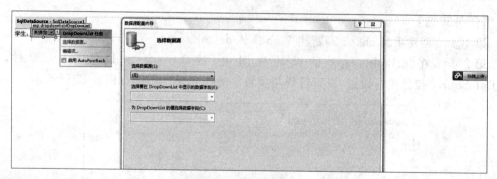

图 6-20 下拉框绑定数据界面

选择数据源为 SqlSataSource1,这是刚才创建的数据源,在"选择要在 DropDownList 中显示的数据字段"下边的输入框中输入 sname,在"为 DropDownList 的值选择数据字段"下边的输入框中输入 sno。如图 6-21 所示。

小提示：选择数据源后,一定要填写显示数据字段和值选择数据字段,并且要和数据库中表字段一致。

第 6 步 单击"确定"按钮,数据源设置成功,关闭"数据源配置向导"窗口,在 Default.aspx 网页的设计视图的下拉框中,内容由原来的"未绑定"变为"数据绑定",如图 6-22 所示。

第 7 步 开发完成,单击调试,效果如图 6-23 所示。

第 8 步 单击网页中的下拉框,打开下拉框,效果如图 6-24 所示。

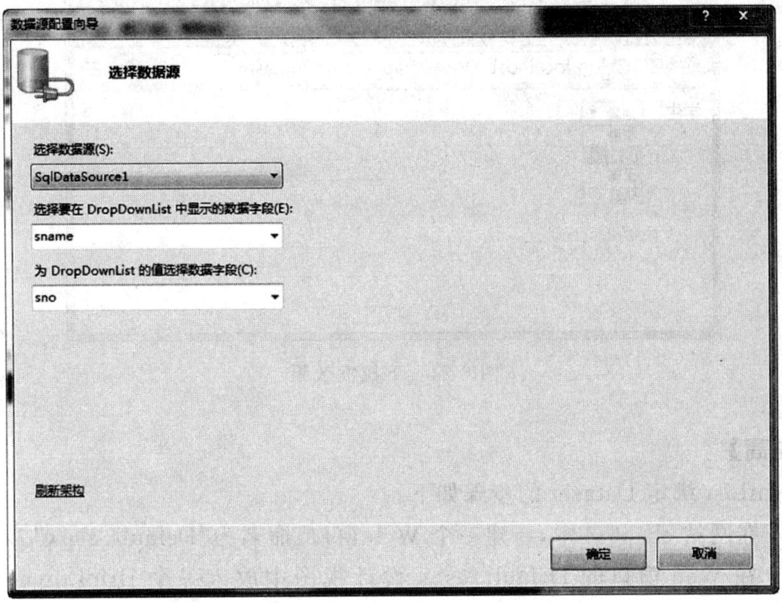

图 6-21 绑定数据绑定

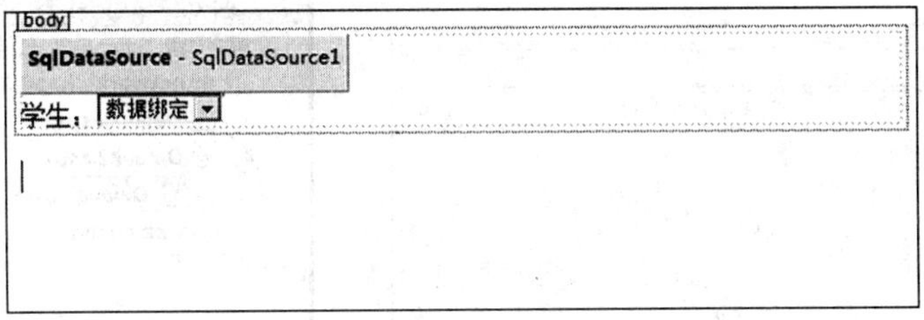

图 6-22 绑定数据后界面

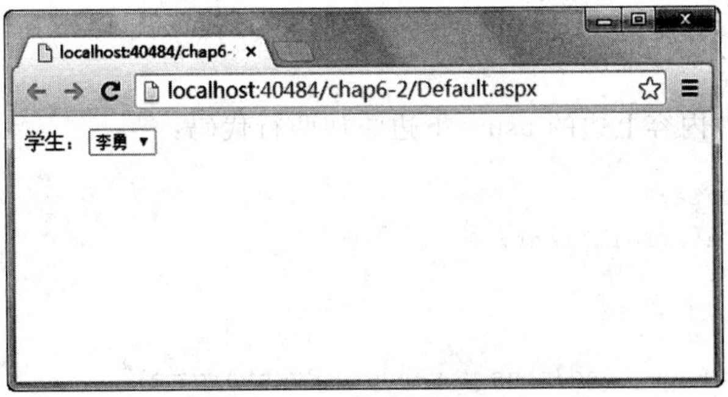

图 6-23 运行效果

【任务小结】
本任务介绍了常用的数据绑定技术,重点介绍了把数据源控件和 DataSet 对象绑定到 DropDownList 控件。数据绑定技术功能强大、使用简单并且灵活,是使用 ASP.NET 技术进行开发中不可或缺的技术之一。

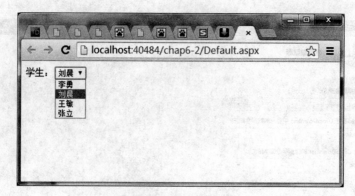

图 6-24 下拉框效果

【拓展提高】

DropdownList 绑定 Dataset 的步骤如下：

第 1 步　在网站 chap6-2 中，新建一个 Web 窗口，命名为"Default.aspx"。

第 2 步　在 Web 窗口的 Default.aspx 设计视图中放入一个 DripDownList 控件，如图 6-25 所示。

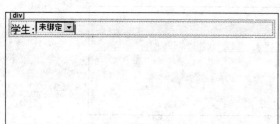

图 6-25　设计界面

图 6-26　打开 Default2.aspx.cs 源文件

第 3 步　单击打开 Default.aspx.cs 文件，打开方式如图 6-26 所示；文件打开效果如图 6-27 所示。

第 4 步　在文件内容上边的 using 下边添加两行代码：

```
using System.Data;
using System.Data.SqlClient;
```

在

```
protected void Page_Load(object sender, EventArgs e)
{
}
```

中添加代码如下：

```
string connectionString="Data Source=.;Initial Catalog=studentDb;
Integrated Security=True";
SqlConnection conn=new SqlConnection(connectionString);
SqlCommand cmd=new SqlCommand("select * from student", conn);
```

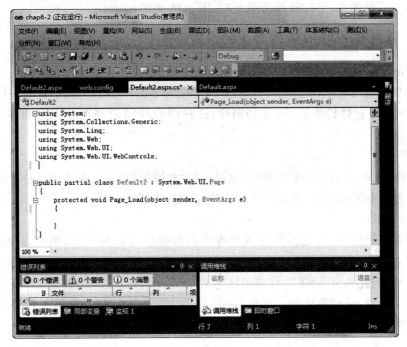

图 6-27　Default2.aspx.cs 文件打开时代码

```
DataSet ds=new DataSet();
SqlDataAdapter sda=new SqlDataAdapter(cmd);
sda.Fill(ds,"student");
this.DropDownList1.DataTextField="sname";
this.DropDownList1.DataValueField="sno";
this.DropDownList1.DataSource=ds.Tables[0].DefaultView;
this.DropDownList1.DataBind();
```

效果如图 6-28 所示。

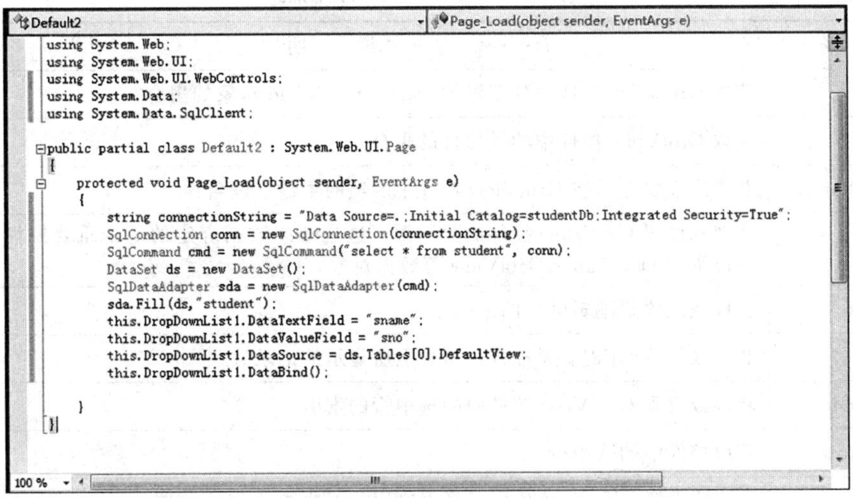

图 6-28　编写代码后的 Default2.aspx.cs 文件

· 167 ·

第 5 步　启动调试,运行效果与图 6-23、图 6-24 相同。

任务 6-3　使用 GridView 实现学生的增删改查

【任务描述】

小王在做项目过程中,有这样一个需求,需要把学生以班级的形式的信息在网页上显示出来,并能在网页上对其修改,甚至是删除,这种综合性的管理涉及内容很多,小王很是烦恼。

【任务目的】

(1) 掌握 GridView 绑定数据源实现数据展示和数据的修改、删除功能的方法和技术。

(2) 掌握 GridView 展示数据的分页和排序效果的实现。

【任务分析】

数据保存在数据库中,现在要把数据库中的数据展示到网页上,因此需要取出数据,ASP.NET 提供了数据源控件,可以方便地取出数据,数据展示到网页是一个表格,表格的处理比较麻烦,因此 ASP.NET 封装表格为 GridView,可以快速方便地实现数据的显示,并且还提供了分页、排序等功能。另外 GridView 控件结合 SqlDataSource 控件还能实现数据的添加、删除和修改功能。

【基础知识】

1. GridView 控件概述

小提示:GridView 是开发过程中使用最为频繁的控件之一。

GridView 是一个功能强大的数据绑定控件,主要用于以表格的形式呈现、编辑数据。对应于关系数据集结构,GridView 控件以列为单位组织其所呈现的数据,GridView 不但能使普通文本,还能使按钮、图片、复选框等控件,同时支持对属性设置获得自己想要的效果。

2. GridView 常用属性

GridView 的常用属性如表 6-3 所示。

表 6-3　GridView 的常用属性

名　称	说　明
Columns	获取 GridView 控件中列字段的 DataControlField 对象的集合
Contorls	获取 GirdView 控件中的子控件的集合
DataKeyNames	获取或设置显示在 GridView 控件中的项的主键字段名称
DataSource	获取和设置 GridView 控件的数据源。这是动态数据绑定的一个重要属性。该属性可以绑定 DataTable、DataView 等数据对象
EditIndex	获取或设置要编辑的行的索引
PageSize	获取或设置 GridView 控件在每页上所显示的记录数
SelectedIndex	获取或设置 GridView 控件中的选中行的索引
SelectedRow	获取控件中的选中行
AllowPaging	获取或设置一个值,该值指示是否启用分页功能

3. GridView 常用方法

GridView 的常用方法如表 6-4 所示。

表 6-4　GridView 的常用方法

名　　称	说　　明
DataBind	从数据源绑定到 GridView 控件。设置 DataSource 属性之后,必须通过该方法才能实现数据绑定
DeleteRow	从数据源中删除位于指定索引的记录
Sort	根据指定的排序表达式和方向对 GridView 控件进行排序
UpadteRow	使用行的字段值更新位于指定索引位置的记录

4. GridView 常用事件

GridView 的常用事件如表 6-5 所示。

表 6-5　GridView 的常用事件

名　　称	说　　明
PageIndexChanged	在单击某一行导航按钮时,在 GridView 控件处理分页操作之后发生
PageIndexChanging	在单击某一行导航按钮时,在 GridView 控件处理分页操作之前发生
RowCancelingEdit	单击编辑模式某一行的"取消"按钮以后,在该行退出编辑模式之前发生
RowCommand	当单击 GridView 控件中的按钮时发生
RowDeleted	在单击某一行的"删除"按钮时,在 GridView 控件删除该行之后发生
RowDeleting	在单击某一行的"删除"按钮时,在 GridView 控件删除该行之前发生
RowEditing	在单击某一行的"编辑"按钮之后,GridView 控件进入编辑模式之前发生
RowUpdated	在单击某一行的"更新"按钮,并且 GridView 控件对该行进行更新之后发生
RowUpdating	在单击某一行的"更新"按钮,并且 GridView 控件对该行进行更新之前发生
SelectedIndexChanged	在单击某一行的"选择"按钮以后,GridView 控件对相应的选择操作进行处理之后发生
SelectedIndexChanging	在单击某一行的"选择"按钮以后,GridView 控件对相应的选择操作进行处理之前发生

5. GridView 控件的列

GridView 控件的列如表 6-6 所示。

表 6-6　GridView 控件的列

名　　称	说　　明
BoundField	以文字形式呈现数据的普通绑定列类型
CheckBoxField	以复选框形式呈现数据,绑定到该类型的列数据应该具有布尔值
HyperLinkField	以链接形式呈现数据,绑定到该类型的列数据应该是指向某个网站或网上资源的地点

续表

名 称	说 明
ImageField	以图片形式呈现数据
ButtonField	按钮列,以按钮的形式呈现数据或进行数据的操作。例如删除记录的按钮列
CommandField	系统内置的一些操作按钮列,可以实现对记录的编辑、修改、删除等操作
TemplateField	模板列绑定到自定义的显示项模板,因而可以实现自定义列样式

知识链接:GridView 功能强大,使用灵活,在应用程序中使用频繁。GridView 的数据可以来自 SqlDataSource 控件,也可以来自 DataSet,还可以来自集合接口,如 List 等。

【任务实施】

第 1 步 新建网站 chap6-4,新建 Web 窗口,命名为 Default.aspx。

第 2 步 Web 窗口 Default.aspx 切换到"设计"视图,拖入一个 SqlDataSource 控件和一个 Gridview 控件,效果如图 6-29 所示。配置数据源控件过程同本项目任务 6-1。

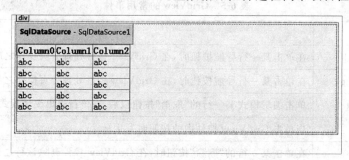

图 6-29 放入数据源和 GridView 控件的设计界面

第 3 步 单击 GridView 控件右上角的">"符号,弹出"GridView 任务"窗口,如图 6-30 所示。

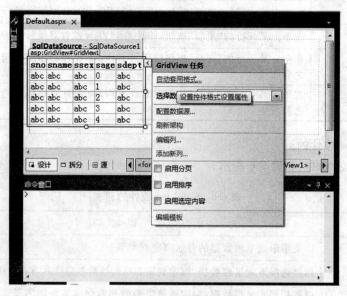

图 6-30 GridView 任务界面

第 4 步　在"GridView 任务"窗口中,选择数据源为 SqlDataSource1,则 GridView 效果发生变化,如图 6-31 所示。

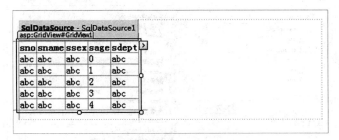

图 6-31　配置了数据源的 GridView

第 5 步　启动调试,页面效果如图 6-32 所示。

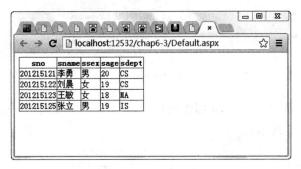

图 6-32　运行效果

第 6 步　停止调试,打开"GridView 任务",单击"编辑列",打开 GridView 的字段设置页面,效果如图 6-33 所示。

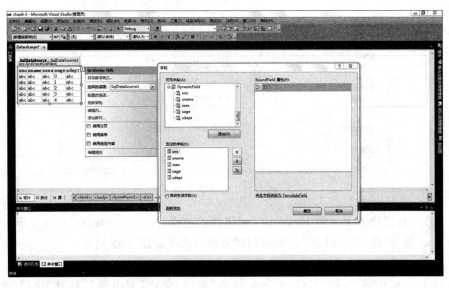

图 6-33　编辑列

第 7 步　在"字段"窗口,取消左下角的"自动生成字段";选中左下方的 sno 字段,打开

sno 的 BoundField 属性,效果如图 6-34 所示。

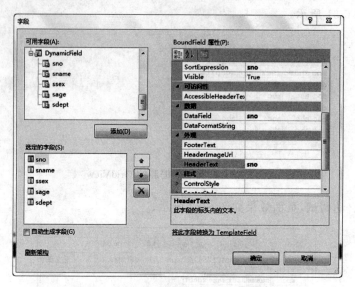

图 6-34　BoundField 属性

第 8 步　在 sno 的 BoundField 属性窗口中,修改 sno 字段的 HeaderText 属性,其值设置为"学号",如图 6-35 所示。

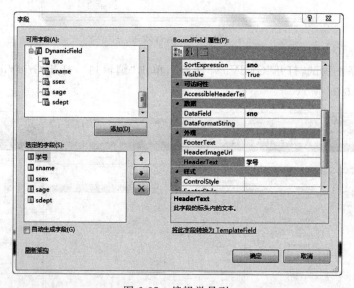

图 6-35　编辑学号列

第 9 步　仿照修改 sno 的 HeaderText 属性的过程,修改 sname、ssex、sage 和 sdept 的 HeaderText 值为"姓名"、"性别"、"年龄"和"系别",效果如图 6-36 所示。

第 10 步　启动调试,打开网页,效果如图 6-37 所示。

第 11 步　停止调试,打开"GridView 任务"窗口,单击"编辑列",打开"字段"窗口,在"字段"窗口,添加可用字段"CommandField"下的"编辑、更新、取消""选择"和"删除"字段。效果如图 6-38 所示。

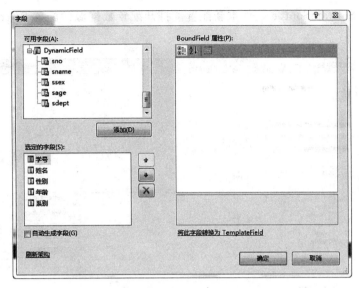

图 6-36 编辑学生表的其他列

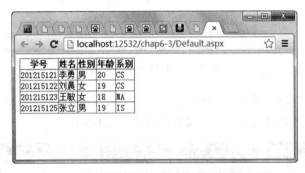

图 6-37 运行效果

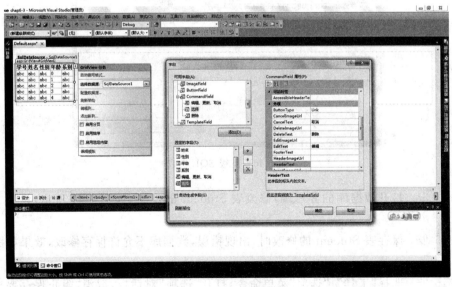

图 6-38 添加命令列

第 12 步 SqlDataSource 控件重新配置。打开配置数据源的配置 Select 语句窗口,如图 6-39 所示。

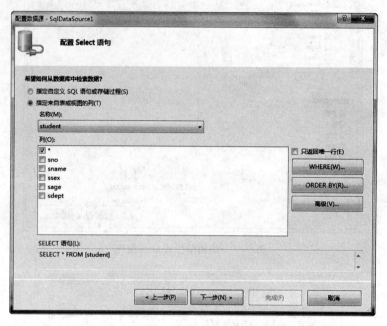

图 6-39 数据源重新配置

第 13 步 单击"高级"按钮,打开"高级 SQL 生成选项",如图 6-40 所示。窗口中的两个选项都不能选择,这是因为 Student 没有设置主键造成的。

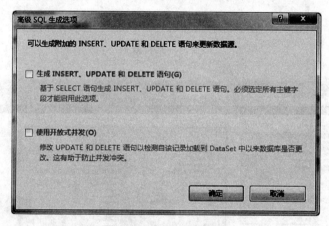

图 6-40 高级 SQL 生成

第 14 步 打开数据库的客户端,修改表 Student 的定义,如图 6-41 所示,设置 sno 为主键。

第 15 步 保存表 Student 的修改时,出现错误,数据库不允许保存修改,效果如图 6-42 所示。

第 16 步 选择"工具"|"选项"菜单命令,打开"选项"对话框,取消"阻止保存要求重新创建表的更改"选项,如图 6-43 所示。

图 6-41 修改 Student 表

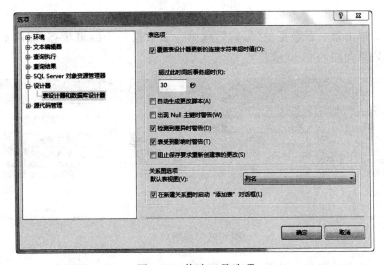

图 6-42 拒绝修改

图 6-43 修改工具选项

第17步 回到数据源配置界面,重新配置数据源,单击"高级"按钮,弹出图6-44所示对话框,选中"生成 INSERT、UPDDATE 和 DELETE 语句","使用开放式并发"选项可选可不选,如图6-44所示。

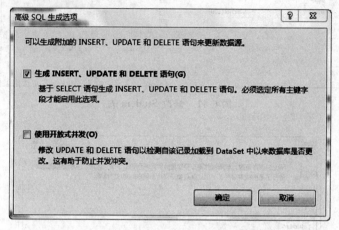

图 6-44 高级 SQL 生成

第18步 启动调试,打开网页,网页中多出了"编辑"、"选择"和"删除"3列,如图6-45所示。

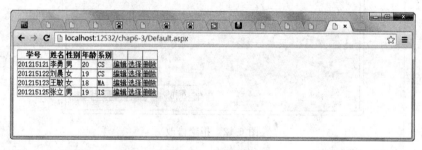

图 6-45 运行效果

第19步 单击第一条数据的"编辑",则第一条数据处于编辑状态,即网页上的数据是可以修改的,效果如图6-46所示。

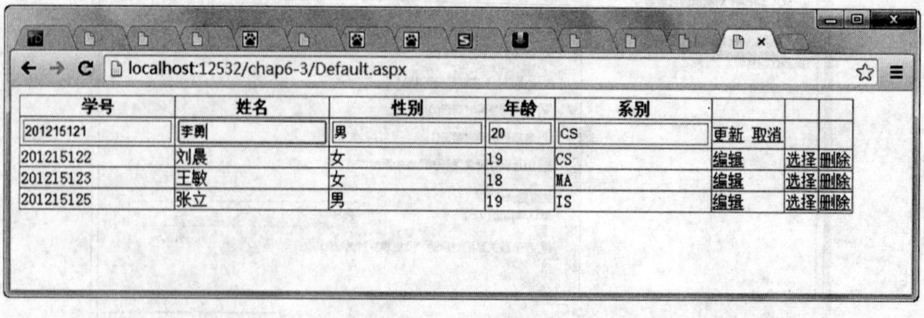

图 6-46 编辑效果

第20步 把李勇修改为李勇2,把年龄20修改为30,单击"更新"按钮,数据更新到数据库,修改如图6-47所示。

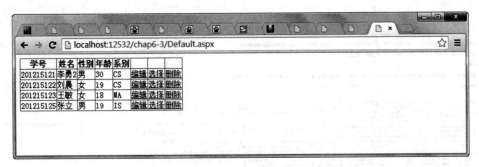

图 6-47 更新后效果

第 21 步 停止调试,打开 GridView 的属性对话框,设置 GridView 的 DataKeyNames 属性,如图 6-48 所示。

第 22 步 单击 DataKeyNames 后的按钮,打开"数据字段集合编辑器"对话框,把"可用数据字段"栏中的 sno 移到"所选数据字段"栏中,如图 6-49 所示。

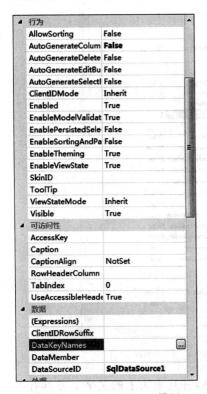

图 6-48 DataKeyNames 设置

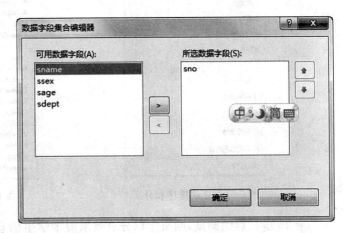

图 6-49 数据字段集合编辑器

注意:如果没有这一步,在网页上删除纪录时,会出现错误,错误如图 6-50 所示。

第 23 步 打开"GridView 任务"对话框,选择"启用分页"和"启用排序"两个选项,如图 6-51 所示。

第 24 步 打开"GridView 属性"对话框,将 GridView 的 PageSize 属性的值设置为 2,如图 6-52 所示。

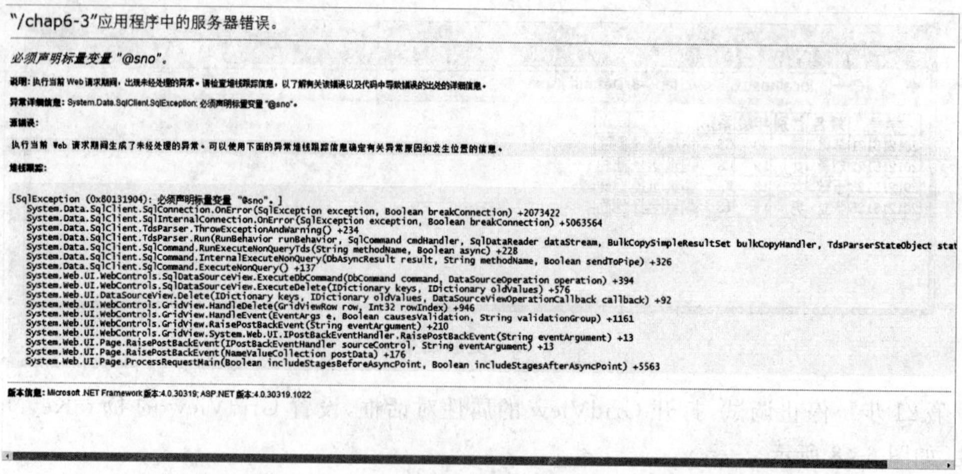

"/chap6-3"应用程序中的服务器错误。

必须声明标量变量"@sno"。

说明：执行当前 Web 请求期间，出现未经处理的异常。请检查堆栈跟踪信息，了解有关该错误以及代码中导致错误的出处的详细信息。

异常详细信息：System.Data.SqlClient.SqlException: 必须声明标量变量"@sno"。

源错误:

执行当前 Web 请求期间生成了未经处理的异常。可以使用下面的异常堆栈跟踪信息确定有关异常原因和发生位置的信息。

堆栈跟踪:

```
[SqlException (0x80131904): 必须声明标量变量"@sno"。]
   System.Data.SqlClient.SqlConnection.OnError(SqlException exception, Boolean breakConnection) +2073422
   System.Data.SqlClient.SqlInternalConnection.OnError(SqlException exception, Boolean breakConnection) +5063564
   System.Data.SqlClient.TdsParser.ThrowExceptionAndWarning() +234
   System.Data.SqlClient.TdsParser.Run(RunBehavior runBehavior, SqlCommand cmdHandler, SqlDataReader dataStream, BulkCopySimpleResultSet bulkCopyHandler, TdsParserStateObject stat
   System.Data.SqlClient.SqlCommand.RunExecuteNonQueryTds(String methodName, Boolean async) +228
   System.Data.SqlClient.SqlCommand.InternalExecuteNonQuery(DbAsyncResult result, String methodName, Boolean sendToPipe) +326
   System.Data.SqlClient.SqlCommand.ExecuteNonQuery() +137
   System.Web.UI.WebControls.SqlDataSourceView.ExecuteDbCommand(DbCommand command, DataSourceOperation operation) +394
   System.Web.UI.WebControls.SqlDataSourceView.ExecuteDelete(IDictionary keys, IDictionary oldValues)
   System.Web.UI.DataSourceView.Delete(IDictionary keys, IDictionary oldValues, DataSourceViewOperationCallback callback) +92
   System.Web.UI.WebControls.GridView.HandleDelete(GridViewRow row, Int32 rowIndex) +946
   System.Web.UI.WebControls.GridView.HandleEvent(EventArgs e, Boolean causesValidation, String validationGroup) +1161
   System.Web.UI.WebControls.GridView.RaisePostBackEvent(String eventArgument) +210
   System.Web.UI.WebControls.System.Web.UI.IPostBackEventHandler.RaisePostBackEvent(String eventArgument) +13
   System.Web.UI.Page.RaisePostBackEvent(IPostBackEventHandler sourceControl, String eventArgument) +13
   System.Web.UI.Page.RaisePostBackEvent(NameValueCollection postData) +176
   System.Web.UI.Page.ProcessRequestMain(Boolean includeStagesBeforeAsyncPoint, Boolean includeStagesAfterAsyncPoint) +5563
```

版本信息: Microsoft .NET Framework 版本:4.0.30319; ASP.NET 版本:4.0.30319.1022

图 6-50　出错页面

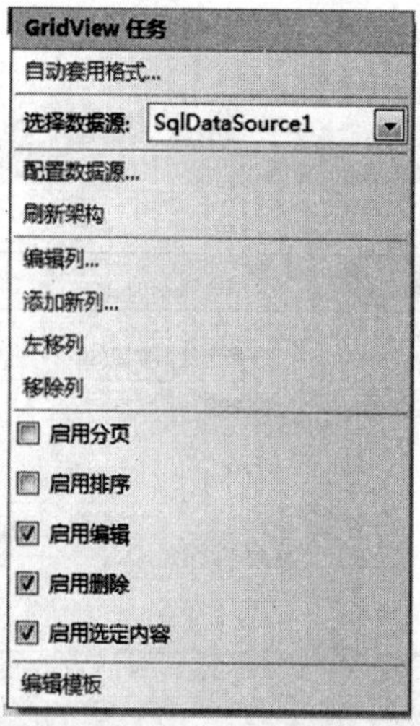

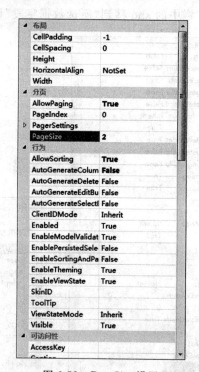

图 6-51　启动排序和分页　　　　图 6-52　PageSize 设置

第 25 步　启动调试，网页上以分页效果展示学生信息，并且表头上的文字下方具有下划线，如图 6-53 所示。

第 26 步　单击网页上"分页"位置的数字"2"，则打开第二页的学生信息，网页效果如图 6-54 所示。

第 27 步　单击网页上"表头"位置的"年龄"，则学生按照"年龄"排序，网页效果如图 6-55 所示。

第 28 步　停止调试，打开"GridView 任务"对话框，单击"自动套用格式"，打开"自动套用格式"对话框，选中"传统型"，如图 6-56 所示。

· 178 ·

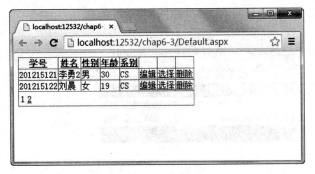

图 6-53　运行效果

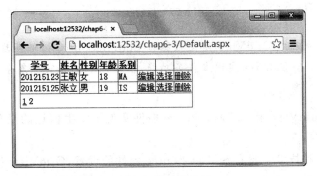

图 6-54　第二页效果

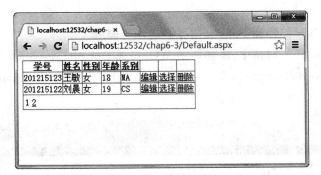

图 6-55　排序效果

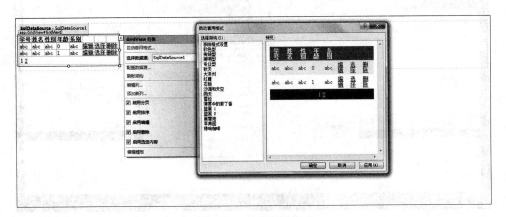

图 6-56　自动套用格式

第 29 步　启动调试,打开网页,效果如图 6-57 所示。

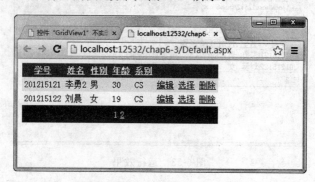

图 6-57　运行效果

小提示：本任务采用 GridView 绑定数据源 SqlDataSource 控件实现了修改和删除,还有 GridView 可以结合 DataSet 实现本任务功能,但是比本任务实现复杂。

【任务小结】

本任务通过 GridView 和 SqlDataSource 控件实现了学生信息的呈现、修改和删除,以及呈现时的分页与排序。

涉及到的知识和技术主要有 SqlDataSource 控件的设置,GridView 控件的设置和一些常用属性以及列的设置,比如分页设置、排序设置和列名设置等。

【拓展提高】

1. 使用 GridView 控件和 DataSet 对象呈现学生信息

第 1 步　在 chap6-2 网站中,添加新项 Web 窗体 Default2.aspx,从工具箱中拖入一个 GridView。编辑 GridView 的列,添加一个 BoundField 列,设置其 HeaderText 为"学号";DataField 为"sno",如图 6-58 所示。

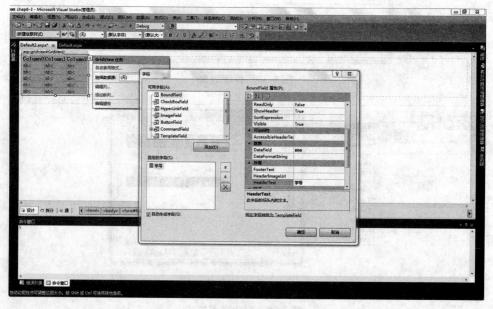

图 6-58　设置 GridView 列

第 2 步　仿照第一列，添加姓名、性别、年龄和系别 4 列，并设置其 HeaderText 和 DataField 属性；取消"自动生成字段"选项，效果如图 6-59 所示。

图 6-59　配置列后效果

第 3 步　打开 Default2.aspx.cs 文件，如图 6-60 所示。

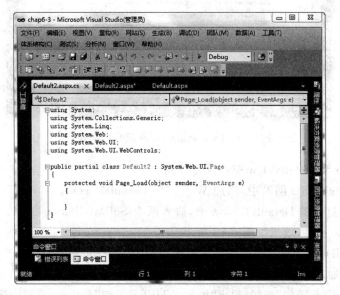

图 6-60　Default2.aspx.cs 文件内容

第 4 步　添加两条 using，代码如下：

using System.Data;
using System.Data.SqlClient;

在 Page_Load 方法中添加代码如下：

string connectionString="Data Source=.;Initial Catalog=studentDb;Integrated

```
Security=True";
SqlConnection conn=new SqlConnection(connectionString);
SqlCommand cmd=new SqlCommand("select * from student", conn);
DataSet ds=new DataSet();
SqlDataAdapter sda=new SqlDataAdapter(cmd);
sda.Fill(ds, "student");
this.GridView1.DataSource=ds.Tables[0].DefaultView;
this.GridView1.DataBind();
```

添加代码后效果如图 6-61 所示。

图 6-61　Default2.aspx.cs 编写代码效果

2. GridView 和 DetailsView 控件配合使用

第 1 步　在 chap6-3 网站中，添加 Web 窗体 Default3.aspx。

第 2 步　在打开的 Default3.aspx 中，放入两个 SqlDataSource 控件、一个 Grid 控件和一个 DetailsView 控件，效果如图 6-62 所示。

第 3 步　SqlDataSource1 的配置与本章任务 6-1 相同，SqlDataSource2 的配置略有差异，需要在配置过程中加入 WHERE 子句。WHERE 子句的配置如图 6-63 所示，单击配置 select 语句界面中的"WHERE 子句"按钮，弹出"添加 WHERE 子句"对话框，填写内容如图 6-63 所示。

第 4 步　在第 3 步的基础上，单击"添加"按钮，则把第 3 步的设置添加为 WHERE 子句，如图 6-64 所示。

第 5 步　单击"确定"按钮，关闭数据源配置。

第 6 步　配置 GridView 控件，GridView1 数据源设置为 SqlDataSource1，GridView2 数据源设置为 SqlDataSource2，为 GridView1 添加一个 CommandFeild——选择命令列，如图 6-65 所示。

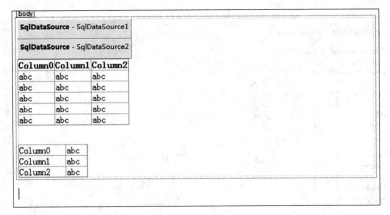

图 6-62　放入控件后的 Default3.aspx 设计界面

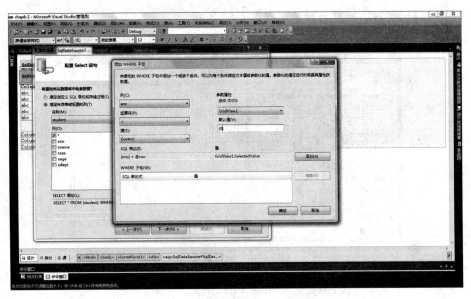

图 6-63　SqlDataSource2 的配置

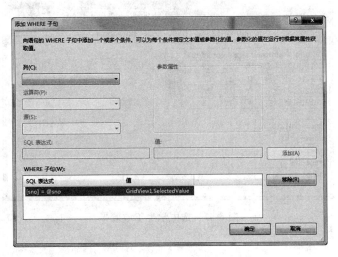

图 6-64　WHERE 子句

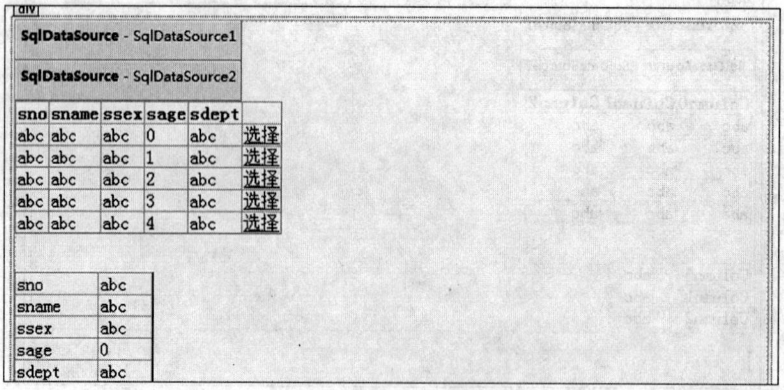

图 6-65 配置好界面

第 7 步 启动调试,网页运行效果如图 6-66 所示。

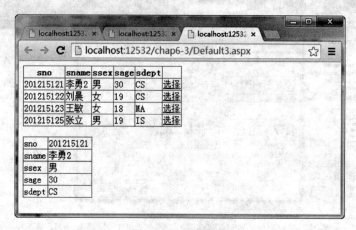

图 6-66 运行效果

第 8 步 单击学生王敏,网页效果如图 6-67 所示。

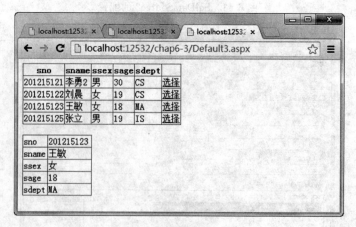

图 6-67 选中学生王敏效果

任务 6-4　使用 ListView 展示课程信息

【任务描述】

小王把做好的项目给客户看,客户说课程信息在页面上展示的格式有问题,他们不喜欢,能不能换其他形式展示课程信息,小王说没有问题,可使用 ListView 控件,功能强大、使用灵活,这里有好几种格式,可看看喜欢哪一种。

【任务目的】

(1) 掌握数据绑定控件 ListView 的使用。
(2) 掌握 DataPager 控件配合 ListView 控件,实现分页功能。

【任务分析】

信息的展示有多种形式,以表格的形式展示是最常用的形式,还有一些形式也是十分常用的,比如平铺、项目符号列表、流、单行等形式。在 ASP.NET 中,ListView 提供了多种数据展示形式,包括刚才提到的形式。为了提供更好的分页效果,ASP.NET 还提供了 DataPager 控件,这个控件配合 ListView 使用,功能强大,效果良好。

【基础知识】

1. ListView 控件概述

ListView 控件是 ASP.NET 中最灵活的数据绑定控件,不但可以实现 GridView 网络型控件,还可以实现 DataList 控件的分列分页显示。还有其他的一些显示形式,可见 ListView 功能强大,设计灵活。

2. ListView 常用属性

ListView 的常用属性如表 6-7 所示。

表 6-7　ListView 的常用属性

名　称	说　明
DataKeyNames	获取或设置一个数组,该数组包含了显示在 ListView 控件中的主键字段名称
EditItem	获取 ListView 控件中处于编辑模式的项
InsertItem	获取 ListView 控件的插入项
Items	获取一个 ListViewDataItem 对象集合,这些对象表示 ListView 控件中的当前数据页的数据项
ItemTemplate	获取或设置 ListView 控件中的数据项的自定义内容
SelectedIndex	获取或设置 ListView 控件中的选定项的索引

3. ListView 控件模板

ListView 控件模板如表 6-8 所示。

表 6-8　ListView 控件模板

名　称	说　明
AlternatingItemTemplate	交替项模板,用不同的标记显示交替项目,便于查看连续不断的项目
EditItemTemplate	编辑项目模板

续表

名　称	说　明
EmptyDataTemplate	空数据模板,数据源返回空
EmptyItemTemplate	空项目模板,项目为空
GroupSeparatorTemplate	组分割模板,控制项目内容的显示
GroupTemplate	组模板
InsertItemTemplate	插入项目模板
InsertSeparatorTemplate	插入分割模板
ItemSerparatorTemplate	项目分割模板
ItemTemplate	项目模板
LayoutTemplate	布局模板
SelectedItemTemplate	已选择项目模板

【任务实施】

第1步　新建网站 chap6-4,添加 Web 窗体 Default.aspx。

第2步　向 Web 窗体 Default.aspx 添加一个 SqlDataSource 和一个 ListView 控件,如图 6-68 所示。

图 6-68　放入控件后的设计界面

第3步　配置数据源,和前边的基本相同,唯一不同的是在"指定来自表或试图的列"选中 course 表,而不是 student 表。

第4步　为 ListView 选中数据源,数据源为刚刚创建的 SqlDataSource1,如图 6-69 所示。

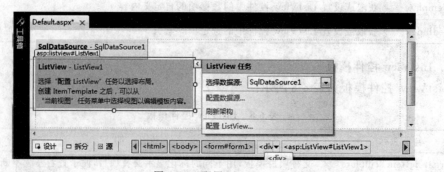

图 6-69　配置 ListView

第 5 步 单击"ListView 任务"中的"配置 ListView",打开"配置 ListView"对话框,选中"选择布局"中的"项目符号列表"项;选中"选择样式"中的"专业型"项,如图 6-70 所示。

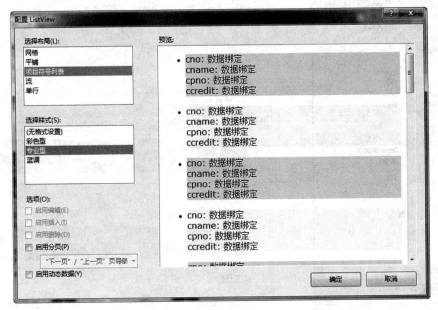

图 6-70 配置 ListView

第 6 步 向 Default.aspx 中放入一个 DataPager,单击 DataPager 右上边的">"符号,然后单击"编辑页导航字段",打开"字段"对话框,双击"'下一页'/'上一页'页导航字段",如图 6-71 所示。

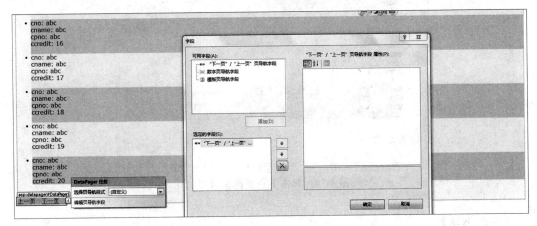

图 6-71 配置 DataPager

第 7 步 设置 DataPager,把 DataPager 的 PageSize 属性设置为 3,PagedControlId 设置为 ListView1,如图 6-72 所示。

第 8 步 启动调试,页面效果如图 6-73 所示。

第 9 步 单击网页上的"下一页"按钮,网页上的课程信息发生变化,页面效果如图 6-74 所示。

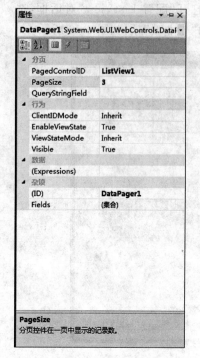

图 6-72　DataPager 属性

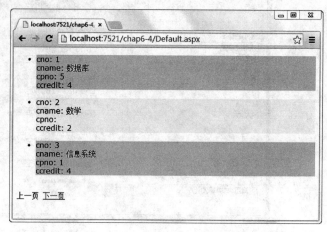

图 6-73　运行效果

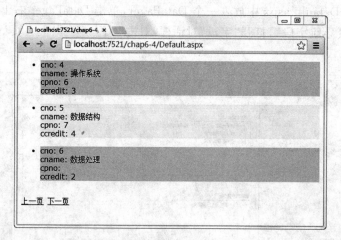

图 6-74　单击下一页网页效果

【任务小结】

本任务使用 ListView 和 DataPager 控件实现了课程信息的分页显示,任务实现的关键是数据源配置、ListView 的布局配置、DataPager 的字段配置。

【拓展提高】

使用 FormView 管理课程信息的方法如下：

第 1 步　在网站 chap6-4 中添加 Web 窗体 Default2.aspx。

第 2 步　在 Default2.aspx 中添加一个 SqlDataSource 控件和一个 FormView 控件,如

图 6-75 所示。

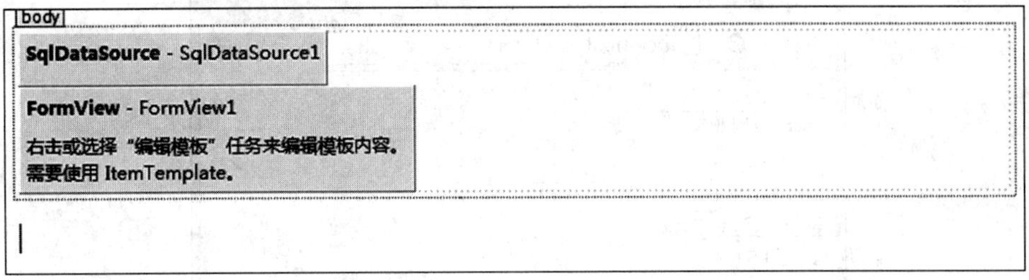

图 6-75 放入控件后的设计界面

第 3 步　设置 SqlDataSource 控件,其设置过程与任务 6-3 中的数据源设置相同,不再重复说明。

第 4 步　设置 FormView 的数据源为 SqlDataSource1,并选中"启用分页"选项,如图 6-76 所示。

图 6-76　配置 FormView

第 5 步　启动调试,网页效果如图 6-77 所示。

图 6-77　运行效果

第 6 步　单击网页上的"编辑"按钮,信息处于可修改状态,并且按钮变为"更新"和"取消"。修改后,单击"更新"按钮,把修改后的数据更新到数据库,单击"取消"按钮,则取消修改,即修改无效。如图 6-78 所示。

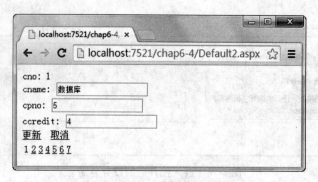

图 6-78 单击编辑效果

第 7 步 单击网页上的"新建"按钮,则网页上出现一个 Form,用户可以录入数据。录入数据后,单击"插入"按钮,数据保存到数据库,单击"取消"按钮,则添加无效。如图 6-79 所示。

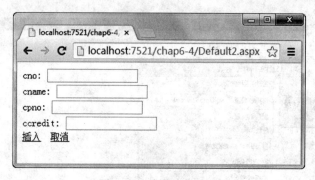

图 6-79 单击新建效果

第 8 步 单击网页上的"分页"数字,即可翻页,查看对应页数的信息。单击"6",网页显示第 6 条数据,如图 6-80 所示。

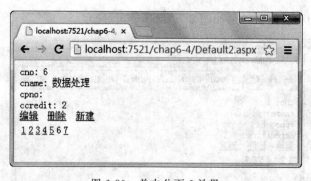

图 6-80 单击分页 6 效果

四、项目小结

本项目通过 4 个任务学习了数据源控件和数据绑定控件的使用,主要掌握它们的常用属性和方法及其配置,重点内容是 SqlDataSource 数据源控件和 GridView 数据绑定控件。

五、项目考核

1. 填空题

(1) 在 ASP.NET 应用程序中,数据库"连接字符串"通常情况下会保存在配置文件中,此配置文件名称为_____。

(2) 在配置 SqlDataSource 数据源控件过程中,配置 SELECT 语句是十分重要的一步,其配置必须设置_____和_____。

(3) SqlDataSource 控件可以包括 4 个命令参数:_____、_____、_____和_____。

(4) GridView 控件自带的分页模式分别是_____、_____、_____和_____。

(5) 若要启动 DetailsView 控件的分页行为,需要设置_____属性,把其值设置为 true,则其页面大小是固定的,始终是一行。

2. 选择题

(1) GridView 中的 Columns 集合的字段包括(　　)。

  A. BoundField   B. HyperLInkField

  C. CommandField   D. CheckBoxField

(2) 在 ASP.NET 中,数据绑定控件绑定并显示一张表的数据,需要设置其(　　)属性指定数据源。

  A. ID   B. Style   C. DataSource   D. DataBind

3. 简答题

(1) ASP.NET 中都有哪些数据源控件,每种数据源控件的作用是什么?

(2) SqlDataSource 数据源控件的主要属性是什么?

(3) 使用数据源配置向导设置 SqlDataSource 控件的属性主要包括哪些步骤?

(4) 在 ASP.NET 4.0 中,都有哪些控件可以绑定数据?

(5) 简述 DropDownList 控件进行数据绑定时,显示的数据字段和值选中字段的含义?

(6) ListView 控件进行布局,有几种类型可以选择?

(7) FormView 控件支持的模板有哪些?

(8) GridView 控件有哪些常用属性和常用时间?

4. 上机操作题

(1) 有一个名为 Albums 的数据库表,包含下列字段:AlbumID、Name、Artist 和 DatePurchased。使用 SqlDataSource 控件检索唱片的信息,并按唱片名称字母顺序排序。

(2) 数据库中有一个课程(course)表,请设计制作一个课程下拉框,显示课程名,下拉框的值为课程的编号。

(3) 使用 GridView 和 SqlDataSource 控件实现课程信息的呈现、修改和删除。

(4) 使用 ListView 和 DataPager 控件分页实现学生信息。

项目 7 ASP．NET AJAX

一、引言

AJAX 不是新的编程语言,而是一种使用现有标准的新方法,它是 Asynchronous JavaScript and XML 的简写,通过在后台与服务器进行少量数据交换,AJAX 可以使网页实现异步更新。这意味着可以在不重新加载整个网页的情况下,对网页的某部分进行更新。AJAX 的出现,揭开了无刷新页面时代的序幕,正在代替传统 Web 技术。

ASP．NET 封装了 AJAX 的实现,使用拖放控件、设置属性就能实现 AJAX 效果,其思路独具匠心,开发效率成倍提升。ASP．NET 提供三个 AJAX 控件:ScriptManager、UpdatePanel 和 Timer。

二、项目要点

本项目使用 ASP．NET 的 AJAX 控件开发具有 AJAX 效果的应用程序,讲解了使用 ScriptManager、UpdatePanel 和 Timer 这 3 个控件开发应用程序,为了更好地开发 AJAX 项目,还讲解了 AJAX 扩展包的使用。

三、任务

任务 7-1 使用 UpdatePanel 控件

【任务描述】

小王项目开发完成后给用户演示,用户对项目的页面跳转十分反感,他们要求和他们现用的很多程序一样,不能出现页面跳转,想要一个系统,而不是一个网站。在这种情况下,小王只能使用 AJAX 技术了。

【任务目的】

(1) 了解 AJAX 技术。
(2) 了解服务器端 AJAX 和客户端 AJAX。
(3) 掌握 UpdatePanel 控件的简单应用。

【任务分析】

畅游在网络的海洋,跳动在网页之上,有的网页如同海浪般"闪屏",有的网页如同湖面般"宁静",那么是什么样的技术实现了海浪的"汹涌"的内容却表现得如此"平静"? 这就是 AJAX 技术。AJAX 在客户端浏览器运行,不但响应速度快,而且没有"闪屏"的现象,那么本章就要讲解 AJAX 技术。

【基础知识】

1. AJAX 简介

AJAX 的全称是 Asynchronous JavaScript and XML，即异步 JavaScript 和 XML 技术，是指一种创建交互式网页应用的开发技术。AJAX 是由 JavaScript 脚本语言、CSS 样式表、XMLHttpRequest 数据交换对象和 DOM 文档对象等多种技术组合在一起，形成了功能强大的 AJAX 技术。

Ajax 这个名词的发明人是 Jess James Garrett，其幕后技术是微软为了支持它自己的电子邮件 Web 客户端最早发明的，而大力推广并且使 AJAX 技术炙手可热的是 Google。Google 发布的 Gmail、Google Suggest 等应用最终让人们了解了什么是 AJAX。

2. AJAX 的拼写

细心的读者可能发现本章使用了 AJAX 和 Ajax，这两种写法谁对谁错、应该采用哪种方式呢？Ajax 的写法是 Jess James Garrett 提出和创建的，并且他坚持认为就应该拼写为 Ajax，而微软坚持认为所有字母都大写，就像一个特殊的缩写词一样，采用 AJAX 的写法。一般在代表微软产品名时使用 AJAX。

ASP.NET 是一项用来创建 Web 应用的服务器端技术，几乎所有的工作都发生在 Web 服务器而不是 Web 浏览器，在 ASP.NET 页面上执行任何一个行为——单击一个按钮或对 GridView 进行排序——整个页面都会被回传到 Web 服务器，在传统的 Web 应用模式中，页面中用户的每一次操作都将触发一次返回 Web 服务器的 HTTP 请求，服务器进行相应的处理（获得数据、运行于不同的系统会话）后，返回一个 HTML 页面给客户端，其过程如图 7-1 所示。

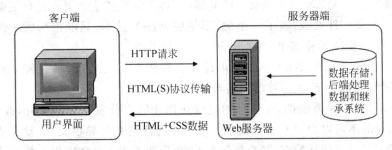

图 7-1　Web 应用的传统模型

仔细分析回传过程，这样做的效率非常低。当在 ASP.NET 页面执行回传时，整个页面都将通过因特网从浏览器传输到服务器。接下来，页面所属的.NET 类必须重新呈现整个页面。最后，完成页面又必须通过因特网发送回浏览器。整个漫长、缓慢、痛苦难耐的过程是必须发生的，即使只修改了页面中很小的一部分，同时浏览的网页也就出现了波浪般的"闪屏"。

Web 开发者们发现，如果想要创建出真正伟大的应用，就必须舍弃服务器端的稳定，而转向客户端的自由，AJAX 技术就是如此。

在 AJAX 应用中，页面中用户的操作将通过 AJAX 引擎与服务器端进行通信，然后将返回结果提交给客户端页面的 AJAX 引擎，再由 AJAX 引擎来决定将这些数据显示到页面的指定位置，如图 7-2 所示。

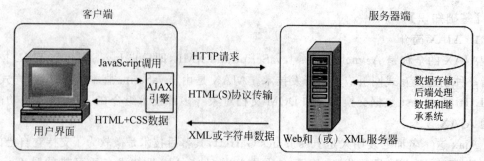

图 7-2 Web 应用的 AJAX 模型

从图 7-1 和图 7-2 可以看出，对于每个用户的行为，传统的 Web 应用模型中将生成一次 HTTP 请求，而在 AJAX 应用开发模型中，将变成对 AJAX 引擎的 JavaScript 调用。在 AJAX 应用开发模型中通过 JavaScript 实现在不刷新整个页面的情况下，对部分数据进行更新，从而降低了网络流量，给用户带来了更好的体验。

3. AJAX 的优点及应用

AJAX 的优点如下：

（1）性能优良。AJAX 拥有更佳的性能，速度更快，不必等待服务器响应，避免重新加载整个网页造成页面闪动。

（2）功能强大。提供更多客户端组件，可扩展功能。这些客户端组件，安装后与 Visual Studio 2010 自带控件使用方法相同，丰富的 AJAX 扩展控件可以给编程带来极大的方便，可以实现 Visual Studio 2010 自身不能实现的功能。

（3）局部回调。AJAX 可实现页面的局部回调，网页不必整个页面进行更新，只需要局部更新即可。类似一件衣服，破了一个洞，不使用 AJAX 技术，只能重新做一件衣服，但使用 AJAX 技术，哪里破了补哪里，其他地方一律原封不动。

（4）兼容性好。ASP.NET AJAX 可以在各种浏览器上运行，具有跨浏览器的特性。AJAX 不限制浏览器，在绝大多数的浏览器上表现良好。

但是 AJAX 也不是万能的，在适宜的场合使用才能充分发挥它的长处，改善系统性能和用户体验，绝对不可以为了技术而滥用。AJAX 的特点在于异步交互、动态更新 Web 页面，因此它适用范围是交互较多、频繁读取数据的 Web 应用，主要应用于数据验证、按需取数据、自动更新页面等场景，目前已经出现了许多基于 AJAX 的应用。

AJAX 应用是使用最原始的浏览器技术（如 JavaScript 和 DOM）编写的 Web 应用，用户界面层位于浏览器中，业务逻辑层和数据访问层位于服务器上，用户界面层通过 Web 服务访问业务逻辑层。

Google Suggest 是一个值得称道的 AJAX 应用，确立了 AJAX 的地位与应用。Google Suggest 不仅很好地设置了下拉区，还会在输入框中自动输入最有可能的答案，在下拉区中可以使用上下箭头或者鼠标选择搜索词。下拉区为每个可能的搜索词都提供了一些结果，用户可以清楚地了解当前输入的搜索词是否合适。百度也已经实现此功能，效果如图 7-3 所示。

Google 地图、Google Docs、Google Gmail、Amazon 的搜索等都是 AJAX 的典型应用，感兴趣的读者可以自己阅读相关参考文献和访问网站了解。

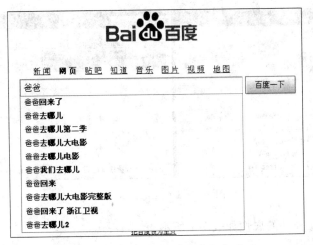

图 7-3　AJAX 在百度搜索中应用

4. 服务器端 AJAX 与客户端 AJAX

微软公司一方面希望为现有 ASP.NET 开发者提供一个简单的方法来实现 AJAX 功能而不用去学习 JavaScript,微软公司也希望为 Web 开发者提供一套能够建立纯粹客户端 AJAX 应用的工具,因此,微软公司既拥有服务器端 AJAX 框架,也拥有客户端 AJAX 框架。

如果想更新现有 ASP.NET 应用使其具备 AJAX 的特点,可以使用服务器端 AJAX 框架。利用服务器端框架,无须编写一行 JavaScript 代码,可以继续使用标准的方式通过服务器端控件创建 ASP.NET 页面。

服务器端框架的优点是为现有 ASP.NET 开发者提供了一种开发 AJAX 的简便方法,其缺点是无法完全摆脱服务器端框架的问题,在执行任何客户端行为时,仍然需要回到服务器上。

微软客户端 AJAX 框架更强调客户端。当使用微软客户端 AJAX 框架创建应用时,必须使用 JavaScript。使用客户端框架创建应用的优点是可以创建内容丰富响应友好的 Web 应用,可以创建和桌面应用一样具有良好交互性的 Web 应用。而其缺点是,目前微软客户端框架并不是十分成熟。

在 ASP.NET 3.5 之前,ASP.NET 自身并不支持 AJAX 的应用,需要下载和安装 AJAX 并配置后才能使用。ASP.NET 3.5 之后的版本,AJAX 已经成为.NET 框架的原生功能,可以直接拖动 AJAX 控件,像普通控件一样(如图 7-4 所示),实现 Web 页面的无刷新功能。

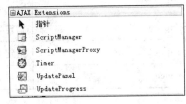

图 7-4　AJAX Extensions 工具栏

5. 脚本管理控件(ScriptManager)

在 ASP.NET AJAX 中,最核心的控件是 ScriptManager 服务器控件。通过使用 ScriptManager 能够对整个页面进行局部更新管理。ScriptManager 用来处理页面上的局部更新,同时生成相关代理脚本以便能够通过 JavaScript 访问 Web 服务。在对页面进行全局管理时,每个要使用 AJAX 功能的页面都需要使用一个 ScriptManager 控件,且只能被使用一次,如图 7-5 所示。

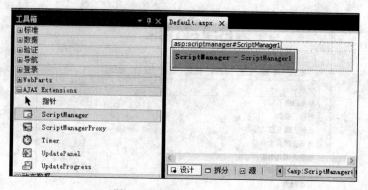

图 7-5 ScriptManager 控件

ScriptManager 控件的属性如表 7-1 所示。

表 7-1 ScriptManager 控件的属性及说明

名 称	说 明
AllowCustomErrorsRedirect	在异步 PostBack 情况下,若有错误发生,指示系统是否引发自定义错误的网页导向
AsyncPostBackErrorMessage	当服务器有异常错误发生,此错误信息会被送到 Client 端
AsyncPostBackTimeout	异步 PostBack 的 Timeout 逾时的时间长度(秒),预设是 90 秒,若设置为 0,则表示没有 Timeout 的限制
AuthenticationService	获取目前 ScriptManager instance 的 AuthenticationService-Manager 对象
EnablePageMethods	设置 ASP.NET 的静态方法是否能够被 Client 端 Script 调用
EnablePartialRendering	是否启用局部更新
EnableScriptGlobalization	是否启用全球化 Script 设置
EnableScriptLocalization	是否启用区域化 Script 设置
LoadScriptBeforeUI	设置 Script 参照是否在 UI 控件之前加载到 Browser 浏览器中
ProfileService	获取目前 ScriptManager instance 的 ProfileServiceManager 对象
ScriptMode	决定在生成 Client Script 时,要产生 Debug 或 Release 版本的 Client Script Libraries
ScriptPath	指定定制的 Script 所在路径
Scripts	指定 ScriptManager 要注册的 Script 参照集合
Services	指定 ScriptManager 要注册的 Service 参照集合

ScriptManager 控件负责管理 AJAX 页面的客户端脚本。默认情况下,ScriptManager 控件向客户端发送 AJAX 所需脚本,这样客户端就可以使用 AJAX 的类型进行系统扩展,并在服务器和客户机之间来回编组信息,完成部分页面的更新。ScriptManager 控件的 HTML 代码如下:

```
<asp:ScriptManager ID="ScriptManager1" runat="server">
</asp:ScriptManager>
```

在 AJAX 应用中，ScriptManager 控件基本不需要配置就能够使用。当在页面上放置了 ScriptManager 控件后，它就会负责加载 ASP．NET AJAX 需要的 JavaScript 库。在浏览器中运行图 7-5 添加了 ScriptManager 控件的 defaul.aspx 页面，右击，从弹出的快捷菜单中选择"查看源"命令，可以看到多个如下的脚本代码：

```
< script src ="/cha7_1/WebResource.axd?d = hT5l0et8_UKUhXYP1SZA5PEZikM4fB5lI7
HAYJU8guWZnLJ5V0TF135zbXIttpiBTEp79Tb_Ex09DPjq1BywD9LrWQNQLYvVkOwhbP7Rt1g1&amp;
t=635362220352906250" type="text/javascript"></script>
```

当页面中添加了 ScriptManager 控件后，原文件中增加了多个＜script＞块，这些代码块的作用是请求 AJAX 的客户端脚本，通常是 MicroSoftAjax.js 和 MicroSoftAjaxWebForm.js 文件，这两个文件被嵌入到 System.Web.Extensions.dll 资源文件中。

6．更新区域控件（UpdatePanel）

UpdatePanel 服务器控件是 ASP．NET AJAX 中最常用的控件，允许执行页面的局部刷新，页面中所使用的 AJAX 控件必须放在 UpdatePanel 控件中才能发挥其作用。UpdatePanel 相当于 AJAX 控件的舞台，没有了 UpdatePanel，AJAX 便无法翩翩起舞、发挥作用。换而言之，ASP．NET 的控件只有放在 UpdatePanel 中才能成为 AJAX 控件，否则实现不了任何 AJAX 功能。

UpdatePanel 控件常用属性及说明如表 7-2 所示。

表 7-2　UpdatePanel 控件属性及说明

名　称	说　明
ChildrenAsTriggers	获取或设置一个 Boolean 类型的值，指示子控件是否自动触发异步回传
ContentTempContainer	获取 UpdatePanel 控件 ContentTemplate 的容器。可以使用该属性以编程方式向 ContentTemplate 中添加控件
IsInParrialRendering	获取一个 Boolean 类型的值，指示 UpdatePanel 是否呈现以响应异步回传
RenderMode	获取或设置一个值，该值指示 UpdatePanel 的内容是否包含在 HTML ＜div＞或＜span＞标签中。可能的值为 Block(默认)和 Inline
Triggers	获取触发 UpdatePanel 执行异步或同步回传的控件列表
UpdateMode	获取或设置一个值，该值指示何时更新 UpdatePanel 中的内容。可能的值为 Always(默认)和 Conditional

UpdatePanel 控件也支持 Update()方法，使 UpdatePanel 更新其内容。

UpdatePanel 控件要进行动态更新，必须依赖 ScriptManager 控件。当 ScriptManager 控件允许局部更新时，它就会以异步的方式发送到服务器。服务器接受请求后，执行操作并通过 DOM 对象来替换局部代码。UpdatePanel 控件通过＜ContentTemplate＞和＜Triggers＞标签来处理页面上引发异步页面回送的控件。

当首次呈现包含一个或多个 UpdatePanel 控件的页面时，将呈现 UpdatePanel 控件的所有内容并将这些内容发送到浏览器。在后续异步回发中，可能会更新各个 UpdatePanel 控件的内容。更新将与面板设置、导致回发的元素以及特定于每个面板的代码有关。

【任务实施】

第 1 步　打开 Visual Studio 2010 开发环境,新建一个空网站,将其命名为 cha7_1,添加一个 Visual C# 的 Web 窗体,名称为 Default.aspx,并设置为起始页。

第 2 步　在 Default.aspx 页中添加一个 ScriptManager 控件,如图 7-5 所示。选中 ScriptManager 控件,右击,从弹出的快捷菜单中选择"属性"命令,可以查看 ScriptManager 控件所包含的属性,如图 7-6 所示。

第 3 步　在 Default.aspx 页中添加一个 UpdatePanel 控件,如图 7-7 所示。选中 UpdatePanel 控件,右击,从弹出的快捷菜单中选择"属性"命令,可以查看 UpdatePanel 控件所包含的属性,如图 7-8 所示。

第 4 步　在 UpdatePanel 控件中分别添加一个 Label 控件和一个 Button 控件,界面设计如图 7-9 所示。

第 5 步　以源码的方式查看 Default.aspx 页面,其代码如下:

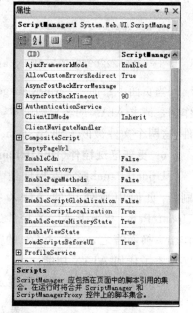

图 7-6　ScriptManager 控件属性

```
<asp:UpdatePanel ID="UpdatePanel1" runat=
  "server">
  <ContentTemplate>
    <asp:Label ID="Label1" runat="server"
      Text="Label"></asp:Label>
    <br />
    <asp:Button ID="Button1" runat="server" onclick="Button1_Click"
      Text="Button" />
  </ContentTemplate>
</asp:UpdatePanel>
```

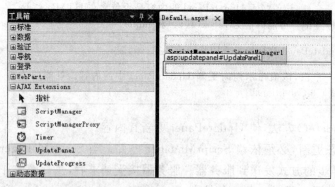

图 7-7　添加 UpdatePanel 控件

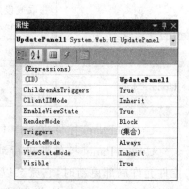

图 7-8　UpdatePanel 控件属性

可更改 Label 控件和 Button 控件的 ID 值以便于记忆使用,更改其 Text 值可显示不同的内容。本例为显示当前时间,所以将 Label 控件的 ID 值更改为 lbTime,Button 控件的 ID 值更改为 btTime,Text 显示为当前时间,修改后代码如下:

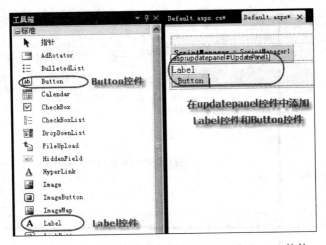

图 7-9 在 UpdatePanel 控件中添加 Label 和 Button 控件

```
<asp:UpdatePanel ID="UpdatePanel1" runat="server">
    <ContentTemplate>
        <asp:Label ID="lbTime" runat="server" Text="Label"></asp:Label>
        <br />
        <asp:Button ID="btTime" runat="server" onclick="btTime_Click" Text=
            "当前时间" />
    </ContentTemplate>
</asp:UpdatePanel>
```

第 6 步　双击放置在 UpdatePanel 控件中的 Button 按钮,触发其 Click 事件,获取当前系统时间,代码如下:

```
protected void btTime_Click(object sender, EventArgs e)
{
    this.lbTime.Text=DateTime.Now.ToString();
}
```

第 7 步　在浏览器中查看 Default.aspx 页面,其运行效果如图 7-10 所示。

第 8 步　新建一个网站,命名为 cha7_1_1,在 Default.aspx 页面中直接添加 Label 控件和 Button 控件,并设置 Button 按钮控制 Label 控件显示当前时间,即将 Label 控件和 Button 控件移到 UpdatePanel 控件之外,然后浏览网页单击执行显示"当前时间"按钮,与 cha7_1 运行结果对比,效果如图 7-11 所示。

由图 7-11 可以看出,使用 AJAX 技术,在 UpdatePanel 控件中的内容实现了无刷新界面,无进度条,未出现"闪屏",而未使用 AJAX 技术的页面,与服务器交互获取数据信息,整个页面刷新,会出现"闪屏"。

【任务小结】

本任务对 AJAX 技术进行简单介绍,并说明了其优势与应用。介绍了 AJAX 技术中常用的控件 ScriptManager 控件和 UpdatePanel 控件,并对其进行实例应用,说明 AJAX 技术在不刷新整个页面的情况下对部分数据进行更新。

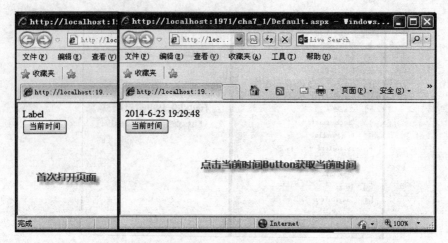

图 7-10　在 UpdatePanel 控件中无刷新显示当前时间

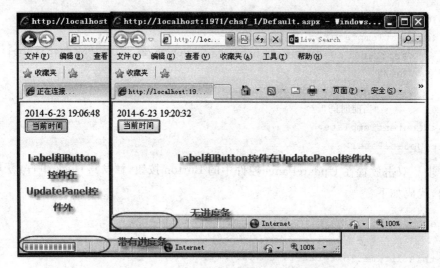

图 7-11　第一个 Windows 窗体应用程序执行效果

【拓展提高】

协调两个 UpdatePanel 控件之间的互动。

第 1 步　打开 Visual Studio 2010 开发环境,新建一个网站,将其命名为 cha7_2,默认主页为 Default.aspx。在 Default.aspx 页面添加一个 ScriptManager 控件和两个 UpdatePanel 控件,构建 AJAX 环境。

第 2 步　在第一个 UpdatePanel 控件中添加两个 Label 控件,Text 属性值分别为"姓名:"、"性别:",在两个 Label 控件后分别添加一个 TextBox 控件,用于用户输入信息;然后添加两个 Button 控件,一个用来添加信息,一个用于取消输入内容;最后再添加一个 Label 控件,读取添加内容时的当前时间。添加后效果如

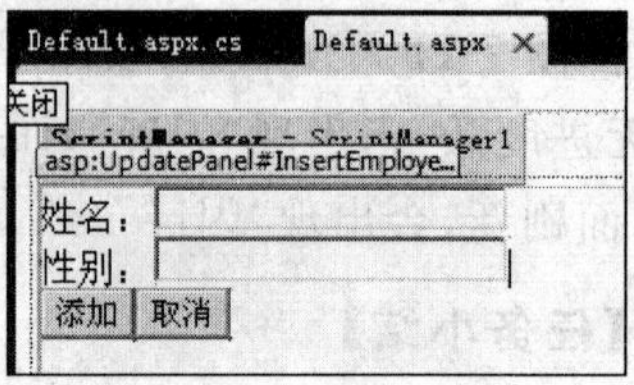

图 7-12　UpdatePanel 用于输入信息

图 7-12 所示。

第一个 UpdatePanel 设计代码如下：

```
<asp:UpdatePanel ID="InsertEmployeeUpdatePanel" runat="server" UpdateMode=
"Conditional">
    <ContentTemplate>
        <asp:Label ID="Label1" runat="server" Text="姓名："></asp:Label>
        <asp:TextBox runat="server" ID="tbName" />
        <br/>
        <asp:Label ID="Label2" runat="server" Text="性别："></asp:Label>
        <asp:TextBox runat="server" ID="tbSex" />
        <br/>
        <asp:Button ID="InsertButton" runat="server" Text="添加" OnClick=
                    "InsertButton_Click"/>
        <asp:Button ID="Cancelbutton" runat="server" Text="取消" OnClick=
                    "CancelButton_Click" />
        <br/>
        <asp:Label runat="server" ID="InputTimeLabel"><%=DateTime.Now%>
                    </asp:Label>
    </ContentTemplate>
</asp:UpdatePanel>
```

第 3 步　在第二个 UpdatePanel 控件中放置一个 GridView 控件，用于绑定用户信息，显示原数据和新添加数据；然后在 GridView 控件下方添加一个 Label 控件，用于显示更新后数据的当前时间，如图 7-13 所示。

图 7-13　UpdatePanel 用于显示信息

第二个 UpdatePanel 设计代码如下：

```
<asp:UpdatePanel ID="UpdatePanel2" runat="server">
    <ContentTemplate>
        <asp:GridView ID="GVEmployees" runat="server" BackColor=
                    "LightGoldenrodYellow"
            BorderColor="Tan" BorderWidth="1px" CellPadding="2" ForeColor=
                    "Black"
        GridLines="None" AutoGenerateColumns="False" Width="272px">
        <FooterStyle BackColor="Tan" />
        <SelectedRowStyle BackColor="DarkSlateBlue" ForeColor=
                    "GhostWhite" />
        <PagerStyle BackColor="PaleGoldenrod" ForeColor="DarkSlateBlue"
            HorizontalAlign="Center" />
        <HeaderStyle BackColor="Tan" Font-Bold="True" />
        <AlternatingRowStyle BackColor="PaleGoldenrod" />
        <Columns>
            <asp:BoundField DataField="EmployeeID" HeaderText="员工号">
```

```
                <ItemStyle HorizontalAlign="Center" />
            </asp:BoundField>
            <asp:BoundField DataField="Name" HeaderText="姓名" />
            <asp:BoundField DataField="Sex" HeaderText="性别" />
        </Columns>
        <PagerSettings PageButtonCount="8" />
    </asp:GridView>
    <asp:Label runat="server" ID="ListTimeLabel"><%=DateTime.Now%>
                </asp:Label>
</ContentTemplate>
<Triggers>
    <asp:AsyncPostBackTrigger ControlID="InsertButton" EventName="Click" />
</Triggers>
</asp:UpdatePanel>
```

第4步 在默认主页面的后台代码 Page_load 事件中,首先实例化 List<T>类对象,并初始化 2 个值用于绑定 GridView 控件中的数据。代码如下:

```
protected void Page_Load(object sender, EventArgs e)
{
    if (!IsPostBack)
    {
        empList=new List<Employee>();
        empList.Add(new Employee(1,"张三","男"));
        empList.Add(new Employee(2,"李四","女"));
        ViewState["empList"]=empList;
    }
    else {
        empList=(List<Employee>)(ViewState["empList"]);
    }
    GVEmployees.DataSource=empList;
    GVEmployees.DataBind();
}
```

第5步 实现"添加"、"取消"按钮的 On_Click 事件,实例运行效果如图 7-14 所示。

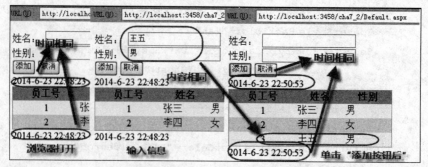

图 7-14 实时更新两个 UpdatePanel 控件中的内容

任务 7-2　使用 Timer 控件

【任务描述】

小王正在开发的项目中遇到一个特定需求：每天晚上把业务数据以邮件的方式发送给业务人员，以便第二天业务人员可以参考业务数据。这要求系统提供周期性定时功能，还好小王对 ASP.NET 的 Timer 控件是有所了解的。

【任务目的】

(1) 了解 Timer 控件。
(2) 掌握 Timer 控件的简单应用。

【任务分析】

在访问网站时，通常会看到页面上有一个时钟，用来显示系统当前的时间。这通常是通过 JavaScript 脚本程序来实现的，同样，我们可以使用 AJAX 控件 Timer 来实现站点时钟显示。

【基础知识】

定时控件(Timer)的使用方法如下。

在应用 UpdatePanel 控件实现页面局部更新时，用户必须初始化一个一般情况下会回发的动作，如单击按钮。但在实际应用中，用户可能会希望没有动作的情况下自动完成一次完整或局部页面的刷新，此时便可利用 AJAX 的 Timer 控件，每隔一段时间固定触发一个事件，Timer 控件让刷新 UpdatePanel(或整页)有了时间上的依据。

Timer 控件若没有与 UpdatePanel 控件关联，那么 Timer 将执行普通的回传，把整页回传到服务器。Timer 控件更经典的应用是与 UpdatePanel 控件相关联，实现定时刷新 UpdatePanel 控件的内容。

Timer 控件能够在一定时间间隔内触发某个事件，其对应的 HTML 代码如下：

```
<asp:Timer ID="Timer1" runat="server">
</asp:Timer>
```

Timer 控件常用的属性及说明如表 7-3 所示。

表 7-3　Timer 控件属性及说明

名　　称	说　　明
Interval	时间间隔设置，单位为 ms，其中设置为 1000 时表示 1s 的时间间隔
Enabled	Timer 是否可用，即 Timer 是否启动，设为 true 时 Timer 开始工作，设为 false 时 Timer 停止工作
Tick 事件	直接在 Timer 控件上双击，可添加 Tick 事件程序

Timer 控件是一个服务器控件，它会将一个 JavaScript 组件嵌入到网页中。当经过 Interval 属性中定义的时间间隔时，该 JavaScript 组件将从浏览器启动回发。可以在运行与服务器上的代码中设置 Timer 控件的属性，这些属性将传递给该 JavaScript 组件。

使用 Timer 控件时，必须在网页中包含 ScriptManager 类的实例。若回发是由 Timer

控件启动的,则 Timer 控件将在服务器上引发 Tick 事件。当页面发送到服务器时,可以创建 Tick 事件的处理程序来执行一些操作。

设置 Interval 属性可指定回发的频率,而设置 Enabled 属性可打开或关闭 Timer 控件。Interval 属性是以 ms 为单位定义的,其默认值为 60000ms(即 60s)。

必须说明的是,Timer 控件可能会加大 Web 应用程序的负载。因此,在引入自动回发特性前并在确实需要时引入 Timer 控件,并尽可能把间隔时间设置得长一点,如果设置得太短将会使得页面回发频率增加,加大服务器的流量。

【任务实施】

第 1 步 打开 Visual Studio 2010 开发环境,新建一个空网站,将其命名为 cha7_3,添加一个 Visual C# 的 Web 窗体,名称为 Default.aspx,并设置为起始页。

第 2 步 构建 AJAX 环境。在 Default.aspx 页中添加一个 ScriptManager 控件进行页面全局管理;添加一个 UpdatePanel 控件,实现时钟的局部更新。

第 3 步 在 UpdatePanel 控件中添加一个 Label 控件。Label 控件用于显示时间。

第 4 步 在 UpdatePanel 控件中添加一个 Timer 控件如图 7-15 所示。将 Timer 控件的 interval 属性设置为 1000,即间隔时间为 1s,Enabled 设置为 True,如图 7-16 所示。

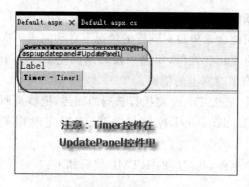
图 7-15 添加 Timer 控件

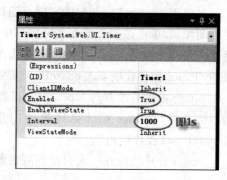
图 7-16 设置 Timer 控件属性

其页面中核心代码如下:

```
<asp:ScriptManager ID="ScriptManager1" runat="server">
</asp:ScriptManager>
<asp:UpdatePanel ID="UpdatePanel1" runat="server">
    <ContentTemplate>
        <asp:Label ID="Label1" runat="server" Text="Label"></asp:Label>
        <asp:Timer ID="Timer1" runat="server" Interval="1000" ontick=
            "Timer1_Tick">
        </asp:Timer>
    </ContentTemplate>
</asp:UpdatePanel>
```

第 5 步 双击 Timer 控件,在 Timer1_Tick 事件中添加获取当前时间的代码,事件代码如下:

```
protected void Timer1_Tick(object sender, EventArgs e)
{
    Label1.Text=DateTime.Now.ToString();
}
```

第 6 步　在浏览器中查看页面,当页面加载时,在 Label1 控件中显示设置得默认值 Label,Timer 控件用于每隔一秒进行一次刷新并将当前时间显示在 Label1 控件中,效果如图 7-17 所示。

图 7-17　使用 Timer 控件显示时钟

第 7 步　将 Timer 控件移至 UpdatePanel 控件外,其设计视图如图 7-18 所示。

其页面中核心代码如下:

```
< asp: ScriptManager ID =" ScriptManager1 " runat="server">
</asp:ScriptManager>
    < asp:UpdatePanel ID =" UpdatePanel1 " runat="server">
        <ContentTemplate>
            <asp:Label ID="Label1" runat="server" Text="Label"></asp:Label>
        </ContentTemplate>
    </asp:UpdatePanel>
<br /><br />
<asp:Timer ID="Timer1" runat="server" Interval="1000" ontick="Timer1_Tick">
</asp:Timer>
```

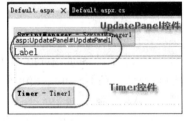

图 7-18　Timer 控件移至 UpdatePanel 控件外

其他的设置代码不变。

第 8 步　在浏览器中查看页面,当页面加载时,在 Label1 控件中显示设置得默认值 Label,与在 Timer 控件在 UpdatePanel 控件中相同。但 Timer 控件每隔一秒进行一次刷新时,刷新为整体页面,出现进度条,效果如图 7-19 所示。

Timer 控件没有与 UpdatePanel 控件关联,Timer 执行普通的回传,把整页回传到服务器,产生整个页面刷新,页面刷新时出现进度条。

由图 7-17 与图 7-19 可以看出,Timer 控件的摆放位置对于 AJAX 的应用有影响。

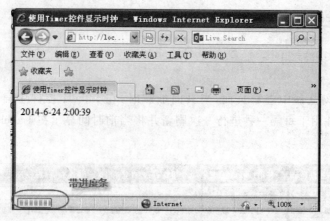

图 7-19 在 UpdatePanel 控件中无刷新显示当前时间

Timer 摆放位置是相对于 UpdatePanel 控件而言的,如果 Timer 控件位于 UpdatePanel 之外,可以为 UpdatePanel 的 Triggers 属性明确定义一个由 Timer 控件的 Tick 事件所引发的触发器。

【任务小结】

本任务介绍了 AJAX 技术中常用的 Timer 控件,对其进行实例应用,并指出 Timer 控件的位置影响页面的刷新。

【拓展提高】

实现在线考试倒计时。

第 1 步 打开 Visual Studio 2010 开发环境,新建一个网站,将其命名为 cha7_4,默认主页为 Default.aspx。在 Default.aspx 页面添加一个 ScriptManager 控件和一个 UpdatePanel 控件,构建 AJAX 环境。

第 2 步 在 UpdatePanel 控件中添加一个 Label 控件,用来提示考试剩余时间。再添加一个 Timer 控件,用来控制倒计时,并将 Timer 控件的 interval 属性设置为 1000,即间隔时间为 1s,Enabled 设置为 True。添加后效果如图 7-20 所示。

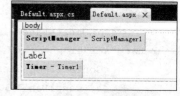

图 7-20 考试倒计时页面设计

其页面中核心代码如下:

```
<asp:ScriptManager ID="ScriptManager1" runat="server">
</asp:ScriptManager>
<asp:UpdatePanel ID="UpdatePanel1" runat="server">
    <ContentTemplate>
        <asp:Label ID="Label1" runat="server" Text="Label"></asp:Label>
        <asp:Timer ID="Timer1" runat="server" Interval="1000" ontick="Timer1_Tick">
        </asp:Timer>
    </ContentTemplate>
</asp:UpdatePanel>
```

第 3 步 双击 Timer 控件,在 Timer1_Tick 事件中添加获取当前时间的代码,事件代码如下:

```csharp
protected void Timer1_Tick(object sender, EventArgs e)
{
    this.RemainingTime--;
    if (this.RemainingTime ==0)          //考试时间到
    {
        this.Label1.Text="时间到";
        this.Timer1.Enabled=false;       //设置 Timer 控件不可见
        //自动交卷功能实现
    }
    else
    {
        //显示考试剩余时间
        this.Label1.Text="仅剩"+this.RemainingTime/60+"分"+this.RemainingTime
                        %60+"秒,请及时交卷,否则试卷作废,成绩无效!";
    }
}
```

其中 RemainingTime 是一个自定义整数类型变量,用来设置当前考试时间进入最后 10 秒(为看效果)时给予倒计时提示。代码如下:

```csharp
/// <summary>
/// 定义在线考试总时间变量 RemainingTime
/// 设定 10 秒(为看效果)
/// </summary>
private int RemainingTime
{
    get
    {
        object o=ViewState["RemainingTime "];
        return (o ==null) ? 10 : (int)o;
    }
    set
    {
        ViewState["RemainingTime "]=value;
    }
}
```

第 4 步 在浏览器中查看页面,当页面加载时,在 Label1 控件中显示设置的默认值 Label,Timer 控件用于每隔一秒进行一次刷新并将倒计时信息显示在 Label1 控件中,直到倒计时结束,Timer 控件停止工作,不再回传。效果如图 7-21 所示。

任务 7-3 使用 AJAX Control Toolkit 扩展控件工具包

【任务描述】

小王项目提交过后,在试运行期间,功能问题几乎没有,但是用户体验却很差,发现很多问题:日期输入不方便、修改密码事前没有提醒却不能修改、提示不友好等。为了提升用户体验,小王只好使用 ASP.NET 的 AJAX 扩展包了。

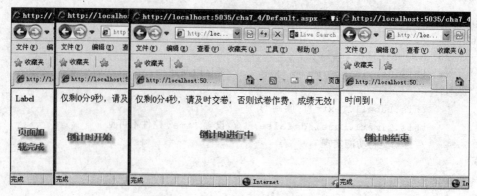

图 7-21 在线考试倒计时实现效果

【任务目的】

（1）了解 AJAX Control Toolkit 扩展控件工具包。
（2）掌握 AJAX Control Toolkit 扩展控件工具包的简单应用。

【任务分析】

浏览网页时，可以在弹出的日历图标上选择想输入的年月日；注册用户信息时会填写密码，页面会提示密码的强度等友好的提示，这些方便快捷的操作，有着良好的用户体验，也可以通过 AJAX Control Toolkit 扩展控件工具包来实现这些功能。

【基础知识】

1. AJAX Control Toolkit 简介

ASP.NET AJAX Control Toolkit（控件工具包）是基于 ASP.NET AJAX 基础之上构建的，提供了五十多种服务器端 AJAX 控件，可以在 ASP.NET 应用中使用，可以用它们创建网站特效，如动画、圆角和模态弹出窗口，还可用在更实际的应用中，如实现自动完成（auto-complete）和掩码编辑（masked edit）文本框，并且它是微软免费提供的一个资源，能轻松创建客户端 AJAX 功能页面。

ASP.NET AJAX Control Toolkit 中的控件为 AJAX（广义的 AJAX）控件，所有 Toolkit 控件都使用客户端 JavaScript。尽管如此，大多数控件并不执行异步回传，因此，称它们为 AJAX 控件是因为它们使用了大量的 JavaScript。

几乎所有 Toolkit 中的控件都是扩展器控件（Extender Control）。这些控件扩展已有的 ASP.NET 控件（如标准 TextBox 和 Panel 控件）以实现新的功能。几乎所有的 Toolkit 控件都包含 TargetControlID 属性，用来指向所扩展的控件。下面介绍几个常用的 Toolkit 控件。

2. 日历控件（CanlendarExtender）

CanlendarExtender 即日历控件，是用来输入日期的。该控件会在 TextBox 控件旁边弹出一个日历，单击弹出日历上的日期可以选择年、月、日，单击某一天后，日期会自动被设置在文本框上，其效果如图 7-22 所示。

图 7-22 CanlendarExtender 控件效果

CanlendarExtender 控件的属性及说明如表 7-4 所示。

表 7-4 CanlendarExtender 控件属性及说明

名 称	说 明
TargetControlID	所要实现日历功能的文本框 ID，如 TargetControlID="TextBox1"
Format	所要显示的日期格式，如 Format="yyyy 年 MM 月 dd 日"
PopupButtonID	控制日历弹出窗的控件 ID，如果留空则当文本框获得焦点时弹出
PopupPosition	弹出的位置，默认为文本框的左下方
SelectdDate	当前所选择的日期
FirstDayOfWeek	一周的第一天为星期几，如 FirstDayOfWeek="Monday"

只要把 CanlendarExtender 控件拖曳到要实现自动完成的文本框上即可使用，也可以根据实际情况设置 Format、PopupButtonID 和 PopupPostion 等属性。

3. 密码强度控件（PasswordStrength）

密码强度是保护个人信息的第一道防线，用户设置密码时智能提示用户所输入的密码安全级别有利于用户设定安全级别较高的密码，保护个人信息。ASP.NET AJAX Control Toolkit 提供了附加在 TextBox 控件的一个密码强度控件 PasswordStrength，当用户在密码框中输入密码时，文本框的后面会有一个密码强度提示，这种提示有两种方式：文本信息和图形化的进度条。另外，当密码框失去焦点时提示信息会自动消失。

PasswordStrength 控件的常用属性及说明如表 7-5 所示。

表 7-5 PasswordStrength 控件属性及说明

名 称	说 明
TargetControlID	要检测密码的 TextBox 控件 ID，例如：TargetControlID="TextBox1"
DisplayPosition	密码强度提示的信息的位置，例如：DisplayPosition="RightSide|LeftSide|BelowLeft"
StrengthIndicatorType	密码强度信息提示方式，包括文本和进度条，例如：StrengthIndicatorType="Text|BarIndicator"
PreferredPasswordLength	密码的长度
PrefixText	用文本方式时开头的文字，例如：PrefixText="密码强度:"
TextCssClass	用文本方式时文字的 CSS 样式
MinimumNumericCharacters	密码中最少要包含的数字数量
MinimumSymbolCharacters	密码中最少要包含的符号数量，例如："*,#,@"
RequiresUpperAndLowerCaseCharacters	是否需要区分大小写

续表

名 称	说 明
TextStrengthDescriptions	文本方式时的文字提示信息，例如： TextStrengthDescriptions＝"极弱；弱；中等；强；超强"
BarIndicatorCssClass	进度条的 CSS 样式
BarBorderCssClass	进度条边框的 CSS 样式
HelpStausLabelID	帮助提示信息的 Lable 控件 ID
CalculationWeightings	密码组成部分所占的比重，其值的格式为"A；B；C；D"。其中 A 表示长度的比重，B 表示数字的比重，C 表示大写的比重，D 表示特殊符号的比重。A、B、C、D 4 个值的和必须为 100，默认值为 50；15；15；20

4. 自动完成控件（AutoCompleteExtender）

AutoCompleteExtender 控件即自动完成 AJAX 控件，是使用较频繁的控件，允许将标准的 ASP．NET TextBox 控件转换成类似组合框的控件，其主要功能在向 TextBox 中输入文本时，控件下方会显示一个匹配输入的列表，帮助用户在输入简单的字符以后，智能感知和提示。这些功能在很多网站都有应用，如 Google、百度等，其效果如图 7-3 所示。

AutoCompleteExtender 控件在输入数据的时候，使用了 AJAX 调用，从 Web 服务器得到匹配的选项，可以使用 AutoCompleteExtender 控件从海量数据库中高效地检索数据，浏览器永远不需要下载整个数据库项。

AutoCompleteExtender 在客户端巧妙地缓存了数据，当向 TextBox 输入以前输入过的文本时，AutoCompleteExtender 控件会从缓存中找到要提示的内容，而不需要执行另一个 AJAX 调用来得到相同的信息。

AutoCompleteExtender 控件的常用属性及说明如表 7-6 所示。

表 7-6　AutoCompleteExtender 控件属性及说明

名 称	说 明
ServicePath	指定自动完成功能 Web Service 的路径，例如： ServicePath＝"AutoCompleteService.asmx"
ServiceMethod	指定自动完成功能 Web Method 的名称，例如： ServiceMethod＝"GetWordList "
DropDownPanelID	指定显示列表的 Panel 的 ID，一般情况会提供一个默认的，无需指定
MimimumPrefixLength	开始提供自动完成列表的文本框内最少的输入字符数量，例如： MimimumPrefixLength＝"1"

AutoCompleteExtender 控件提示的文本数据是从数据库中读取的。

使用 AutoCompleteExtender 控件的方法如下：

（1）从左侧的工具箱中把 AutoCompleteExtender 控件拖曳到要实现自动完成的文本框上。这时，AutoCompleteExtender 控件会自动与文本框关联起来。

（2）向网站项目中添加一个 Web 服务。

(3) 编写带有 WebMethod 特性的获取字符串数组的方法,其返回值必须为 string[],而参数必须为 string prefixText,int count。

(4) 为 Web 服务类添加[System.Web.Script.Services.ScriptService]特性。

(5) 回到页面,为 AutoCompleteExtender 控件设置属性,设置 ServicePath 为 Web 服务的路径,设置 ServiceMethod 为刚刚编写的返回字符串数组的方法名。

【任务实施】

1. 安装 AJAX Control Toolkit 扩展控件工具包

第 1 步　下载 ASP.NET AJAX Control Toolkit,地址是 http://ajaxcontroltoolkit.codeplex.com/(这里以下载 AjaxControlToolkit.Binary.NET40.zip 为例)。将 AjaxControlToolkit.Binary.NET40.zip 解压缩到任意位置,其中包含一个 AjaxControlToolkit.dll 的文件。

第 2 步　启动 Visual Studio 2010,打开"工具箱"窗口,右击空白处,弹出图 7-23 所示的快捷菜单,选择"添加选项卡"命令,在"工具箱"窗口出现新添加的选项卡,将其命名为 Ajax Control Toolkit,如图 7-24 所示。

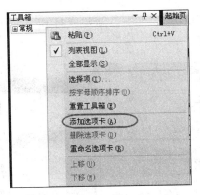
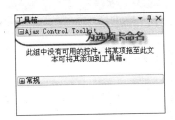

图 7-23　"添加选项卡"快捷菜单　　　　图 7-24　为选项卡命名

第 3 步　右击 Ajax Control Toolkit 选项卡,弹出图 7-25 所示的快捷菜单,选择"选择项"命令,弹出"选择工具箱项"对话框,如图 7-26 所示。

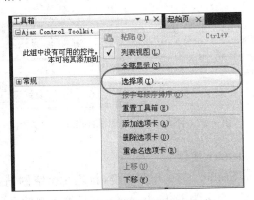

图 7-25　添加"选择项"快捷菜单

第 4 步　在"选择工具箱项"对话框中,单击"浏览"按钮,查找到 AjaxControlToolkit.dll 程序集,然后单击"打开"按钮,如图 7-27 所示,单击"选择工具箱项"的"确定"按钮,将控件

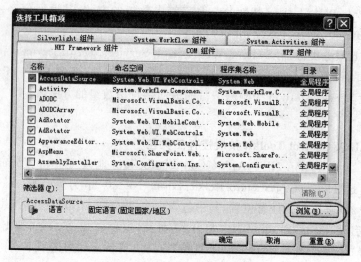

图 7-26 "选择工具箱项"对话框

添加到 Visual Studio 2010 的 Ajax Control Toolkit 选项卡中。新建或打开一个网站,添加后的 Ajax Control Toolkit 选项卡如图 7-28 所示。

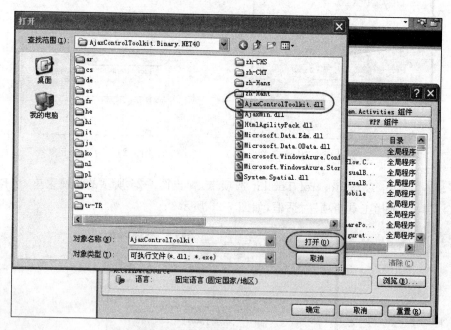

图 7-27 添加 AjaxControlToolkit.dll 文件

2. 使用 CanlendarExtender 控件

第 1 步 打开 Visual Studio 2010 开发环境,新建一个空网站,将其命名为 cha7_5,添加 Visual C#的 Web 窗体,命名为 Default.aspx,并设置为起始页。

第 2 步 构建 AJAX 环境。在 Default.aspx 页中添加一个 ScriptManager 控件进行页面全局管理。

第 3 步 添加一个 Label 控件,将其 Text 属性设置为"请输入一个日期",用于提示用户操作。

第 4 步 添加一个 TextBox 控件,单击右侧的按钮,如图 7-29 所示,单击"添加扩展程序",弹出"扩展程序向导",如图 7-30 所示。选择 CanlendarExtender,单击确定按钮。

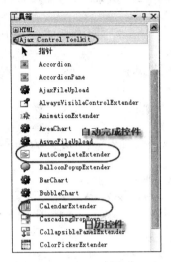

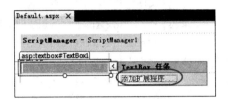

图 7-28 安装后的控件工具包　　　　　图 7-29 添加扩展程序

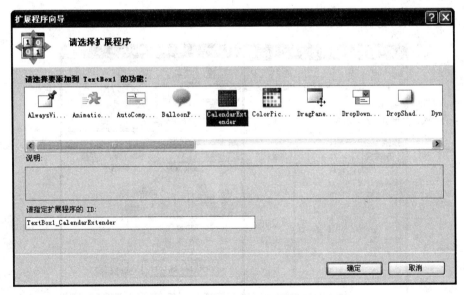

图 7-30 "扩展程序向导"对话框

添加后自动生成的代码如下:

```
<asp:TextBox ID="TextBox1" runat="server"></asp:TextBox>
    <asp:CalendarExtender ID="TextBox1_CalendarExtender" runat="server"
        Enabled="True" TargetControlID="TextBox1">
</asp:CalendarExtender>
```

第 5 步 设置 CanlendarExtender 的属性,将 Format 设置为 yyyy 年 MM 月 dd 日,

FirstDayOfWeek 设置为 Monday。

页面中首先声明 Ajax Control Toolkit 使用的前缀：

```
<%@Register assembly="AjaxControlToolkit" namespace="AjaxControlToolkit" tagprefix="asp" %>
```

其页面中核心代码如下：

```
<asp:ToolkitScriptManager ID="ScriptManager1" runat="server">
</asp:ToolkitScriptManager>
<asp:UpdatePanel ID="UpdatePanel1" runat="server">
    <ContentTemplate>
        <asp:Label ID="Label1" runat="server" Text="请输入一个日期"></asp:Label>
        <br />
        <asp:TextBox ID="TextBox1" runat="server"></asp:TextBox>
        <asp:CalendarExtender ID="TextBox1_CalendarExtender" runat="server"
        Enabled="True" FirstDayOfWeek="Monday" Format="yyyy年MM月dd日"
            TargetControlID="TextBox1">
        </asp:CalendarExtender>
    </ContentTemplate>
</asp:UpdatePanel>
```

第 6 步　在浏览器中查看页面，效果如图 7-31 所示。

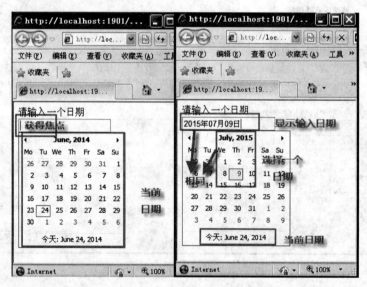

图 7-31　使用 CalendarExtender 控件显示日历

在初始页面加载完成后，单击 TextBox 控件，获得焦点，显示当前日期的日历文本框，在文本框上任意选择年、月、日（示例中选择为 2015 年 7 月 19 日），会将此日期按照设定好的"yyyy 年 MM 月 dd 日"格式显示在 TextBox 控件。

再次单击 TextBox 控件，会在日历文本框中显示 TextBox 中输入的信息。

FirstDayOfWeek 的 Monday 设置体现在日历每周以 Mo（周一）开始。

3. 使用 PasswordStrength 控件

第 1 步　打开 Visual Studio 2010 开发环境,新建一个空网站,将其命名为 cha7_6,添加一个 Visual C# 的 Web 窗体,命名为 Default.aspx,并设置为起始页。

第 2 步　构建 AJAX 环境。在 Default.aspx 页中添加一个 ScriptManager 控件进行页面全局管理。

第 3 步　添加一个 Label 控件,将其 Text 属性设置为"使用文本提示密码强度",用于提示任务功能。

第 4 步　添加一个 TextBox 控件,然后将 PasswordStrength 控件拖曳到此控件上,即完成了"添加扩展程序"效果,与使用 CanlendarExtender 控件第 4 步作用相同。添加后效果如图 7-32 所示。

图 7-32　密码强度提示控件设置

添加后自动生成的代码如下:

```
<asp:TextBox ID="TextBox1" runat="server"></asp:TextBox>
<asp:PasswordStrength ID="TextBox1_PasswordStrength" runat="server"
    TargetControlID="TextBox1">
</asp:PasswordStrength>
```

第 5 步　设置 PasswordStrength 控件的属性,使其检测 TextBox 中输入的密码强度并提示。

页面中首先声明 Ajax Control Toolkit 使用的前缀:

```
<%@Register assembly="AjaxControlToolkit" namespace="AjaxControlToolkit"
tagprefix="asp" %>
```

其页面中核心代码如下:

```
<asp:ToolkitScriptManager ID="ScriptManager1" runat="server">
</asp:ToolkitScriptManager>
<asp:Label ID="Label1" runat="server" Text="使用文本提示密码强度"></asp:Label>
<asp:TextBox ID="TextBox1" runat="server"></asp:TextBox>
<asp:PasswordStrength ID="TextBox1_PasswordStrength" runat="server"
MinimumNumericCharacters="1" MinimumSymbolCharacters="1" PrefixText="密码强
度:" StrengthStyles =" textIndicator _ 1; textIndicator _ 2; textIndicator _ 3;
textIndicator_4;textIndicator_5"
    TargetControlID="TextBox1" TextStrengthDescriptions="很差;差;一般;好;很好">
    </asp:PasswordStrength>
```

第 6 步　在浏览器中查看页面,效果如图 7-33 所示。

在图 7-33 中,①为浏览器加载页面完成后的显示效果,②～⑥为输入不同强度的密码对密码强度进行提示,⑦为当密码框失去焦点时提示信息会自动消失。

【任务小结】

本任务对 CanlendarExtender 控件、PasswordStrength 控件、AutoCompleteExtenAJAX

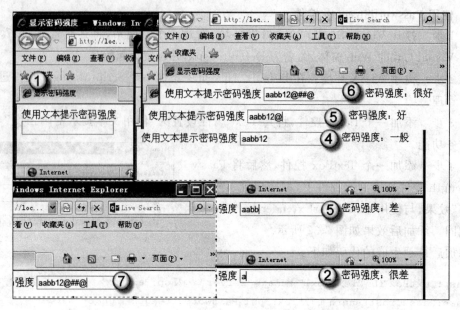

图 7-33 使用 PasswordStrength 控件显示密码强度

Control Toolkit 控件工具包 der 控件进行介绍,并给出了 AJAX Control Toolkit 的安装方法以及 CanlendarExtender 控件、PasswordStrength 控件的简单应用。

【拓展提高】

限制输入价格。

第1步 打开 Visual Studio2010 开发环境,新建一个网站,将其命名为 cha7_7,默认主页为 Default.aspx。在 Default.aspx 页面添加一个 ScriptManager 控件,构建 AJAX 环境。

第2步 添加一个 TextBox 控件,用来输入价格。然后将 MaskedEditExtender 控件拖曳到该控件上,效果如图 7-34 所示。

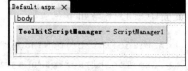

图 7-34 限制输入界面设计

添加后自动生成的代码如下:

```
<asp:TextBox ID="TextBox1" runat="server"></asp:TextBox>
<asp:MaskedEditExtender ID="TextBo1_MaskedEditExtender" runat="server"
    TargetControlID="TextBox1">
</asp:MaskedEditExtender>
```

MaskedEditExtender 控件是 AJAX Control Toolkit 控件工具包的其中一种控件,可以用来限制文本的输入。通过设置 Mask 属性,可以只允许某些类型的字符/文字被输入,支持的数据格式有数字、日期、日期时间,常被用来限制用户输入,防止错误输入,如在本应该输入数字的地方输入非数字的内容。

MaskedEditExtender 控件常用的属性及说明如表 7-7 所示。

第3步 设置 MaskedEditExtender 的属性,将其 DisplayMoney 属性设置为 Left,Mask 设置为 999,MaskType 设置为 Number。

表 7-7　MaskedEditExtender 控件属性及说明

属　　性	说　　明
TargetControlID	所要实现限制功能的文本框 ID，如 TargetControlID="TextBox1"
Mask	掩码，如 Mask="999"
MaskType	掩码类型，如 MaskType="Number"
AutoComplete	是否自动完成，如选 true，而 MaskType 为数字类型则为 0，日期时间类型则为当前时间
ClearMaskOnLostFocus	当失去焦点时是否清空文本
DisplayMoney	是否显示本地货币符号

页面中首先声明 Ajax Control Toolkit 使用的前缀：

```
<%@Register assembly="AjaxControlToolkit" namespace="AjaxControlToolkit"
tagprefix="asp" %>
```

其页面中核心代码如下：

```
<asp:ToolkitScriptManager ID="ScriptManager1" runat="server">
</asp:ToolkitScriptManager>
<asp:TextBox ID="TextBox1" runat="server"></asp:TextBox>
<asp:MaskedEditExtender ID="TextBox1_MaskedEditExtender" runat="server"
    DisplayMoney="Left" Mask="999" MaskType="Number" TargetControlID=
        "TextBox1">
</asp:MaskedEditExtender>
```

第 4 步　在浏览器中查看页面，效果如图 7-35 所示。

图 7-35　在线考试倒计时实现效果

从图 7-35 可以看出，当页面加载完成时，TextBox 显示为标准控件，单击准备输入时出现"￥"是 DisplayMoney 属性显示了本地的货币符号。在输入时，只能输入数字，英文、汉字和特殊符号在录入的时候，页面上没有反应，是由"MaskType="Number""来进行的限制，最大数值为 999，是"Mask="999""限制了数字的最大值。

四、项目小结

本项目主要讲解 ASP.NET 的 AJAX 技术,主要是 ASP.NET 提供的控件,其次在项目中可以考虑使用 AJAX 扩展包。AJAX 是大势所趋,读者要在项目中尽量采用,不能满足于传统的 Web 效果。

五、项目考核

1. 填空题

(1) AJAX 全称是_____。

(2) AJAX 框架分为_____和_____。

(3) 对页面进行全局管理时,每个要使用 AJAX 功能的页面都需要使用_____控件,且只能被使用一次。

(4) _____服务器控件是 ASP.NET AJAX 中最常用的控件,允许执行页面的局部刷新,页面中所使用的 AJAX 控件必须放在_____控件中才能发挥其作用。

(5) 利用 AJAX 的_____控件,每隔一段时间固定触发一个事件,让刷新有了时间上的依据。

(6) Timer 控件的 Interval 属性_____是以_____为单位定义的,其默认值为_____。

(7) Timer 控件的 Enabled 属性_____。

(8) ASP.NET AJAX Control Toolkit 是基于_____之上构建的。

(9) ASP.NET AJAX Control Toolkit 是_____ AJAX 控件。

(10) CanlendarExtender 控件的 TargetControlID 属性是用来关联_____。

(11) PasswordStrength 控件有两种提示方式:_____、_____。

2. 简答题

(1) Web 应用的 AJAX 模型是什么?

(2) AJAX 的优点是什么?

(3) Timer 控件的优缺点是什么?

(4) Timer 控件的位置有哪些影响?

(5) AJAX Control Toolkit 有什么作用?

(6) 简述使用 AutoCompleteExtender 控件的方法。

3. 上机操作题

(1) 创建一个网站,在 Default.aspx 页面添加一个 TextBox 控件和一个 Label 控件,在 TextBox 控件中输入文本内容,输入完成后无整体页面刷新并在 Label 控件中显示 TextBox 控件中输入的内容。

(2) 创建一个网站,在 Default.aspx 页面添加一个 Label 控件用于随机显示名言警句,用 Timer 控件控制更换名言警句时间为 2 分钟。

(3) 创建一个网站,采用进度条方式使用 PasswordStrength 控件显示密码强度。

项目 8 Web 服务

一、引言

目前,各大主流技术供应商无一不在关注 Web 服务的发展,从 Microsoft 的.NET 到 IBM 公司 Web Service,都体现了这些重量级的技术提供者对 Web 服务的重视。

Web 服务利用 http 和 soap 协议使用数据在 Web 上传输,通过调用 Web Service 可以执行从简单的请求到复杂的业务处理的任何功能。

二、项目要点

本项目通过一个项目提供数学计算的服务,一个项目使用服务的实例,讲解了 Web 服务的概念、Web 服务的创建以及使用。要求了解 Web 服务的概念;掌握 Web Service 的创建和引用。Web 服务是最近应用程序开发的一个热门,实现方式有很多,ASP.NET 提供的方式最为简单。

三、任务

使用 Web 服务实现简单数学计算。

【任务描述】

项目经理要求小王开发的项目给其他项目提供简单数学计算的接口,即其他项目可以访问小王项目里的数学计算功能。这个需求和以往的需求差别很大,以前的需求都是在同一个项目中,而这个需求是自己的项目为其他项目提供服务,在 ASP.NET 中,Web 服务正好可以解决这个问题。

【任务目的】

(1) 掌握创建 Web Service 的过程。
(2) 掌握引用 Web Service 的过程。

【任务分析】

本任务和本书中以前的所有任务都有明显不同,本任务不是一个项目,而是两个项目,一个项目提供计算功能,即服务,另一个项目使用这些功能,即消费,当然也可以根据需要变成两个都提供服务,同时也都消费。

【基础知识】

1. Web 服务概念

Web 服务是自包含、模块化的应用程序,可以在网络中被描述、发布、查找以及调用。它是技术规范,这些规范使得项目间、系统间可以通过网络相互操作,为企业解决数据孤岛提供了有效手段。

2. Web 服务特征

（1）完好的封装性。Web 服务部署好后，使用者仅能访问到该对象提供的功能列表，对于功能的实现细节无法访问。

（2）松耦合性。项目之间只有方法调用与被调用的关系，对于功能实现的技术细节，Web 服务没有任何要求。

（3）使用协议的规范性。Web 服务使用标准的描述语言来描述，并且描述的服务界面是可以发现的。

（4）高度的集成能力。Web 服务采用简单、易理解的标准，完全屏蔽了平台的差异，实现了当前环境下最高程度的可集成性。

知识链接：Web 服务是一种服务导向架构的技术，通过标准的 Web 协议提供服务，目的是保证不同平台的应用服务可以互操作。根据 W3C 的定义，Web 服务（Web service）应当是一个软件系统，用于支持网络间不同计算机的互动操作。网络服务通常是许多应用程序接口（API）所组成的，它们通过网络，例如国际互联网（Internet）的远程服务器端，执行客户所提交服务的请求。W3C 的定义涵盖诸多相异且无法分类的系统，通常是指有关主从式架构之间根据 SOAP 协议进行传递 XML 格式消息。无论定义还是实现，Web 服务过程中会由服务器提供一个机器可读的描述（通常基于 WSDL）以辨识服务器所提供的 Web 服务。另外，虽然 WSDL 不是 SOAP 服务端点的必要条件，但目前基于 Java 的主流 Web 服务开发框架往往需要 WSDL 实现客户端的源代码生成。一些工业标准化组织，比如 WS-I，就在 Web 服务定义中强制包含 SOAP 和 WSDL。

3. Web 服务创建

Web 服务也是一个 C#类，不过它是一个以.asmx 为后缀和一个以.cs 为后缀的两个文件，而不仅仅是一个.cs 后缀的文件，但是创建 Web 服务类和普通类的创建区别很小。创建 Web 服务后，在其.cs 文件中编写功能代码，注意要想成为 Web 服务的方法，被自身之外的应用调动，在方法的前面一定要加上 WebMethod 属性。

4. Web 服务调用

在一个项目中，想要调用 Web 服务，首先要引用 Web 服务，引用 Web 服务需要知道 Web 服务所在位置。Web 服务所在位置可分为 3 类：

（1）此解决方案中的 Web 服务；

（2）本地计算机上的 Web 服务；

（3）本地网络上的 UDDI 服务器。Web 服务的引用都是可视化操作，比较简单。

在使用 Web 服务的功能之前，需要实例化对象，例如：

localhost.WebService1 service=new localhost.WebService1();

代码中 localhost 是 Web 服务的引用名，在引用时可以修改，本过程中采用系统默认，WebService1 是提供 Web 服务的类的名称。之后就可以像调用本地类的方法一样调用 Web 服务。

小提示：Web 服务同时在两个或多个项目之间调用时使用。

【任务实施】

第 1 步　创建空网站 chap8-1，网站创建成功后，解决方案资源管理器窗口中，可以看到

在网站的上边有"解决方案 8-1"字样,选中"解决方案 8-1",右击,从弹出的快捷菜单中选中"添加"|"新建项目"命令,如图 8-1 所示。

图 8-1 在解决方案中添加新项目

小提示:必须在解决方案下添加项目,否则两个项目不能同时打开,也就无法测试效果。

第 2 步 在"资源管理器"中添加"新建项目",打开"新建项目"窗口,选中 ASP.NET 空 Web 应用程序,填入名称 WebService8-1,设置位置为 d:\netword\chap8-2,如图 8-2 所示。

图 8-2 添加 ASP.NET 空 Web 应用程序

第3步 在新建项目WebService8-2中,添加"Web 服务",操作和添加 Web 窗体接近,不同之处在于:在"添加新项"时,选中 Web 服务,而不是 Web 窗体,如图8-3所示。

图8-3 添加 Web 服务

第4步 Web 服务创建成功,Visual Stuido 2010 会自动打开新创建的 Web 服务编写代码的文件,并且已经自动生成了"Hello World"方法,这个方法可以被其他项目中的类调用,如图8-4所示。

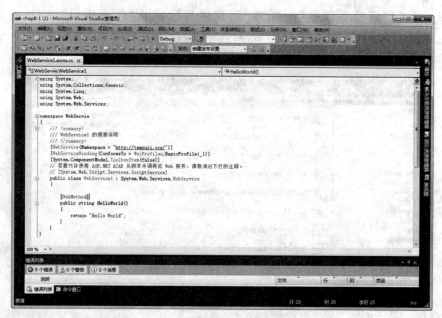

图8-4 Web 服务创建文件

第5步 在类的里面,方法 Hello World 下边,编写代码如下所示,也可以使用下边代码替换掉 Hello World 方法:

[WebMethod]
public double sum(double a,double b)

```
{
    return a+b;
}

[WebMethod]
public double subtract(double a, double b)
{
    return a -b;
}

[WebMethod]
public double multiply(double a, double b)
{
    return a * b;
}

[WebMethod]
public double divide(double a, double b)
{
    return a / b;
}
```

第 6 步 在项目中,选中"WebService1"文件,右击,从弹出的快捷菜单中选择"在浏览器中查看"命令,则在浏览器中打开名为 WebService1 的服务,服务中的方法会在网页中罗列出来,并且可以单击调用,如图 8-5 所示。

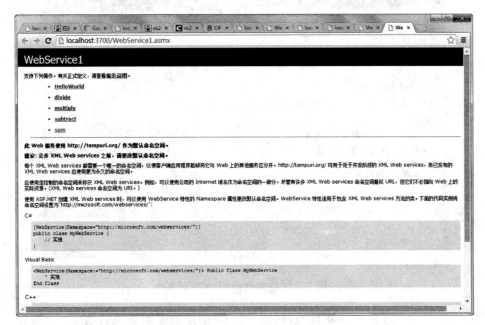

图 8-5 在网页中打开 Web 服务

第 7 步　在 chap8-1 中引用 Web 服务，在资源管理器中右击 chap8-1 项目，从弹出的快捷菜单中选择"添加 Web 引用"命令，如图 8-6 所示。弹出"添加 Web 引用"对话框，如图 8-7 所示。

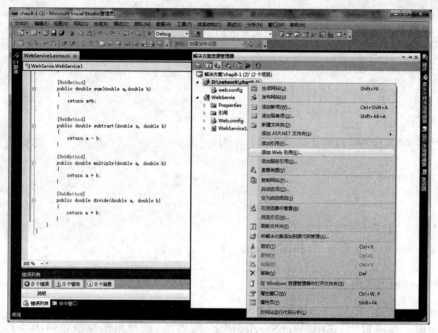

图 8-6　添加 Web 引用

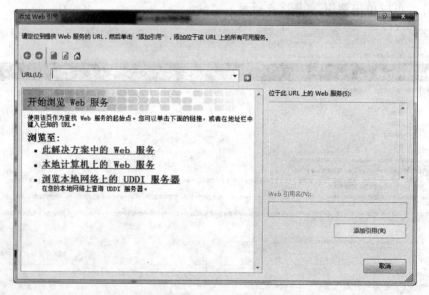

图 8-7　"添加 Web 引用"对话框

第 8 步　单击"添加 Web 引用"对话框上的"此解决方案中的 Web 服务"超链接，会自动搜索当前解决方法中的所有 Web 服务，并罗列出来，如图 8-8 所示。

第 9 步　单击此解决方案中的 Web 服务下的 WebService1，打开 WebService1 所提供

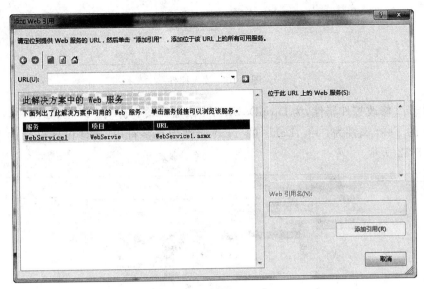

图 8-8 列出所有 Web 服务

的功能方法,如图 8-9 所示。

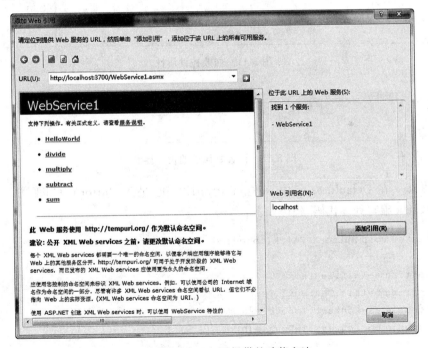

图 8-9 WebService1 提供的功能方法

第 10 步 直接单击"添加 Web 服务"对话框的"添加引用"按钮,就完成了 Web 服务的引用。

第 11 步 在 chap8-1 网站中,添加 Web 窗体 Default.aspx,并向设计视图窗口中放入两个 TextBox 控件、一个 DropDownList 控件、一个 Button 控件和一个 Label 控件,如图 8-10 所示。

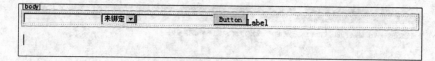

图 8-10 放入控件

第12步 修改控件属性,为 DropDownList 添加"＋、－、＊、/"4 项,如图 8-11 所示;修改 Button 的 Text 属性为:＝,Lable 的 Text 属性为空字符串,属性设置好后的设计界面效果如图 8-12 所示。

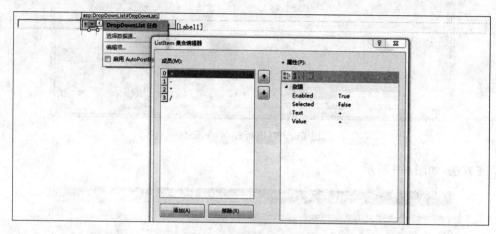

图 8-11 修改控件属性

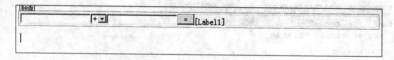

图 8-12 设置好属性的设计界面

第13步 在 Default.aspx 中,双击 Button1 按钮,进入 Button1_Click 方法,为时间 Button1_Click 编写处理代码,代码如下:

```
protected void Button1_Click(object sender, EventArgs e)
{
    string a=this.TextBox1.Text;
    string b=this.TextBox2.Text;
    double aa=Convert.ToDouble(a);
    double bb=Convert.ToDouble(b);

    localhost.WebService1 service=new localhost.WebService1();
    if (this.DropDownList1.SelectedValue =="+")
    {
        this.Label1.Text=(service.sum(aa, bb)).ToString();
    }
    else if (this.DropDownList1.SelectedValue =="-")
    {
```

```
            this.Label1.Text=(service.subtract(aa, bb)).ToString();
        }
        else if (this.DropDownList1.SelectedValue =="*")
        {
            this.Label1.Text=(service.multiply(aa, bb)).ToString();
        }
        else if (this.DropDownList1.SelectedValue =="/")
        {
            this.Label1.Text=(service.divide(aa, bb)).ToString();
        }
    }
```

第14步 启动调试,在网页中输入5和6,再在下拉框选中"*",单击"="按钮后显示出5乘6的积,如图8-13所示。

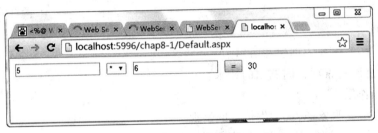

图8-13 运动效果

【任务小结】

本任务实现了一个简单的数学计算,本来是不需要使用Web服务技术的,但是如果方法的创建和调用不在同一个应用程序中,此时Web服务是一个好的选择。

本章的重点是Web服务的创建、引用和调用,在一个项目中创建Web服务,在另一个项目中引用和调用Web服务,关于数学计算和页面部分的设计不是本项目的重点,在此主要掌握和Web服务有关的概念以及操作过程即可。

【拓展提高】

1. 面向服务的软件架构

面向服务架构可以根据需要通过网络对松散耦合的粗粒度应用组件进行分布式部署、组合和使用。

随着软件需求的扩大,软件系统变得越来越复杂,这时需要一种更加合理的方式将不同类型、不同位置的系统结合起来,这就需要Web服务技术。

2. Web服务核心技术

Web服务的核心技术主要包括SOAP(简单对象访问协议)、WSDL(Web服务描述语言)和UDDI(通用描述、发现和集成),它们都是以XML文档的实行表述的。

Web服务体系结构基于3种角色之间的交互,这3种角色为服务提供者、服务注册中心和服务请求者。

3. 客户端

ASP.NET应用程序服务的客户端可以为不同类型,并且可以在不同的操作系统上运行。这些客户端主要如下。

(1) AJAX 客户端。

(2) .NET Framework 客户端。

(3) SOAP 客户端。

四、项目小结

本项目设计的知识理论部分难度较大,但是在.NET 中,微软公司对 Web 服务进行了高水平的封装,封装使得在开发过程中基本不需要掌握 Web 服务的理论知识,只需要知道在 Visual Studio 开发工具中如何创建、引用和调用 Web 服务即可。

五、项目考核

1. 简答题

(1) 简述 Web 服务的创建和引用。

(2) 简述上网检索项目间调用的技术。

2. 上机操作题

(1) 使用 Web 服务,实现学生信息的呈现。

(2) 使用 AJAX 调用 Web 服务,实现学生信息的添加、修改和删除。

项目 9 成绩管理系统

一、引言

本项目是一个综合性项目,项目不大但技术要求全面,涉及 ASP.NET 最基础、最核心的知识和技术。学生通过这个项目,可以了解到应用程序开发的全过程。

二、项目要点

通过开发一个小项目掌握应用程序开发的全面知识和技术,促使学生对应用系统开发的理解更加全面和系统,培养学生使用 ASP.NET 编程技术解决实际问题的能力。

三、任务

任务 9-1 系统分析

系统用户主要有 3 类:学生、教师和系统管理员。学生的需求是查看自己的课程成绩和查看课程信息;教师的需求是管理学生的课程成绩、查看学生信息和查看课程信息;管理员的需求是对学生信息进行管理、对课程信息进行管理和对系统用户进行管理。

任务 9-2 系统设计

1. 功能设计

学生功能:查看成绩、查看课程。
教师功能:成绩管理、查看学生、查看课程。
管理员功能:学生管理、课程管理、用户管理。

2. 数据库设计

系统需要 4 张数据库表,如表 9-1~表 9-4 所示。

表 9-1 Student 表

列名	数据类型	语义	备注
sno	varchar(20)	学号	主键
sname	varchar(50)	姓名	
ssex	varchar(2)	性别	
sage	int	年龄	
sdept	varchar(100)	系别	

表 9-2 Course 表

列　名	数据类型	语　义	备　注
cno	varchar(20)	课号	主键
cname	varchar(50)	课程名	
cpco	varchar(2)	前导课	
ccredit	int	学分	

表 9-3 SC 表

列　名	数据类型	语　义	备　注
sno	varchar(20)	学号	主键
cno	varchar(20)	课号	主键
score	Int	成绩	

表 9-4 User 表

列　名	数据类型	语　义	备　注
id	int	编号	主键、Identity
username	varchar(50)	用户名	
password	varchar(50)	密码	
role	int	角色	

任务 9-3 系统实现

1. 登录功能实现

登录界面如图 9-1 所示。

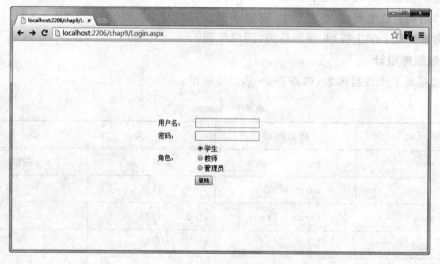

图 9-1 登录界面

登录 Login.aspx 代码如下：

```html
<table align="center" class="style1" style="padding-top:150px;">
    <tr>
        <td>用户名：</td>
        <td>
            <asp:TextBox ID="tbxUserCode" runat="server"></asp:TextBox>
        </td>
    </tr>
    <tr>
        <td>密码：</td>
        <td><asp:TextBox ID="tbxPassword" runat="server" TextMode="Password">
            </asp:TextBox>
        </td>
    </tr>
    <tr>
        <td>角色：</td>
        <td><asp:RadioButtonList ID="rblRole" runat="server">
            <asp:ListItem Selected="True" Value="1">学生</asp:ListItem>
            <asp:ListItem Value="2">教师</asp:ListItem>
            <asp:ListItem Value="3">管理员</asp:ListItem>
            </asp:RadioButtonList>
        </td>
    </tr>
    <tr>
        <td> </td>
        <td><asp:Button ID="Button1" runat="server" Text="登录" onclick=
            "Button1_Click" /></td>
    </tr>
    <tr>
        <td> </td>
        <td><asp:Label ID="lblMessage" runat="server"></asp:Label></td>
    </tr>
</table>
```

登录 Login.aspx.cs 代码如下：

```csharp
using System.Data.SqlClient;
public partial class Login : System.Web.UI.Page
{
    protected void Button1_Click(object sender, EventArgs e)
    {
        string userCode=this.tbxUserCode.Text;
        string password=this.tbxPassword.Text;
        string role=this.rblRole.SelectedValue;
        string sql="select * from [user] where userCode = '"+userCode+"' and
                    role='"+role+"'";
```

```
string url=System.Configuration.ConfigurationManager.AppSettings
        ["connstr"];
SqlConnection conn=new SqlConnection(url);
conn.Open();
SqlCommand cmd=new SqlCommand(sql,conn);
SqlDataReader sdr=cmd.ExecuteReader();
if (sdr.Read())
{
    if (password ==sdr["password"].ToString())
    {
        Session["userCode"]=sdr["userCode"].ToString();
        Session["role"]=role;
        Response.Redirect("Default.aspx");
    }
    else
    {
        this.lblMessage.Text="用户名或密码错误";
    }
}
else
{
    this.lblMessage.Text="用户名或密码错误";

}
sdr.Close();
conn.Close();
}
}
```

学生登录成功后界面如图 9-2 所示。

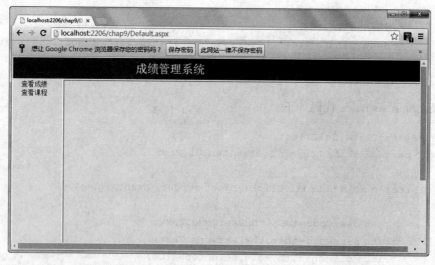

图 9-2 学生登录成功后界面

学生登录成功后 Default.aspx 代码如下:

```html
<table width="1000px" align="center">
    <tr style="height:50px; background-color:#3333dd;"><td colspan="2" style=
            "padding-left:300px; color:#ffffff;font-size:28px;">成绩管理系
            统</td></tr>
    <tr style="width: 100%; background-color:#eeeeee;" >
            <td style="width: 120px; vertical-align:top;">
                <asp:TreeView ID="TreeView1" runat="server"></asp:TreeView></td>
            <td><iframe id="I1" name="main" src="about:blank" width="100%"
                height="600px"></iframe></td>
    </tr>
</table>
```

学生登录成功后 Default.aspx.cs 代码如下:

```csharp
protected void Page_Load(object sender, EventArgs e)
{
    if(!this.IsPostBack){
        this.TreeView1.Target="main";

        Object o=Session["role"];
        if(o==null)
        {
            Response.Write ("<div style='width:200px; margin:0 auto;font-size:
                    28px;'>
            请先登录<br>");
            Response.Write("点 Ì?击¡Â: êo<a href='Login.aspx' target='_blank'>
            登录页</a></div>");
            return;
        }
        string role=Session["role"].ToString();
        if (role =="1")
        {
            TreeNode node1=new TreeNode("查看成绩");
            node1.NavigateUrl="ScoreView.aspx";
            TreeNode node2=new TreeNode("查看课程");
            node2.NavigateUrl="CourseView.aspx";
            this.TreeView1.Nodes.Add(node1);
            this.TreeView1.Nodes.Add(node2);
        }
         else if (role =="2")
        {
            TreeNode node1=new TreeNode("成绩管理");
            node1.NavigateUrl="ScoreManage.aspx";
            TreeNode node2=new TreeNode("查看学生");
```

```
            node2.NavigateUrl="StudentView.aspx";
            TreeNode node3=new TreeNode("查看课程");
            node3.NavigateUrl="CourseView.aspx";
            this.TreeView1.Nodes.Add(node1);
            this.TreeView1.Nodes.Add(node2);
            this.TreeView1.Nodes.Add(node3);
        }
        else if (role =="3")
        {
            TreeNode node1=new TreeNode("学生管理");
            node1.NavigateUrl="StudentManage.aspx";
            TreeNode node2=new TreeNode("课程管理");
            node2.NavigateUrl="CourseManage.aspx";
            TreeNode node3=new TreeNode("用户管理");
            node3.NavigateUrl="UserManage.aspx";
            this.TreeView1.Nodes.Add(node1);
            this.TreeView1.Nodes.Add(node2);
            this.TreeView1.Nodes.Add(node3);
        }
    }
}
```

2. 学生功能

查看成绩界面如图 9-3 所示。

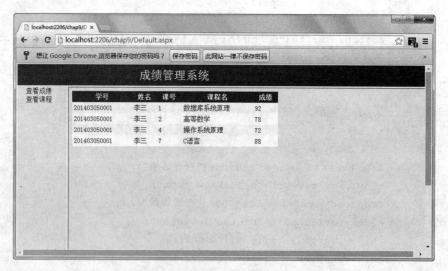

图 9-3　查看成绩界面

查看成绩 ScoreView.aspx 代码如下：

```
<asp:GridView ID="GridView1" runat="server" AutoGenerateColumns="False"
    CellPadding="4" ForeColor="#333333" GridLines="None" Width="500px">
```

```
<AlternatingRowStyle BackColor="White" />
<Columns>
    <asp:BoundField DataField="sno" HeaderText="学号" />
    <asp:BoundField DataField="sname" HeaderText="姓名" />
    <asp:BoundField DataField="cno" HeaderText="课号" />
    <asp:BoundField DataField="cname" HeaderText="课程名" />
    <asp:BoundField DataField="score" HeaderText="成绩" />
</Columns>
<FooterStyle BackColor="#990000" Font-Bold="True" ForeColor="White" />
<HeaderStyle BackColor="#990000" Font-Bold="True" ForeColor="White" />
<PagerStyle BackColor="#FFCC66" ForeColor="#333333" HorizontalAlign=
            "Center" />
<RowStyle BackColor="#FFFBD6" ForeColor="#333333" />
<SelectedRowStyle BackColor="#FFCC66" Font-Bold="True" ForeColor="Navy" />
<SortedAscendingCellStyle BackColor="#FDF5AC" />
<SortedAscendingHeaderStyle BackColor="#4D0000" />
<SortedDescendingCellStyle BackColor="#FCF6C0" />
<SortedDescendingHeaderStyle BackColor="#820000" />
</asp:GridView>
```

查看成绩 ScoreView.aspx.cs 代码如下：

```
using System.Data;
using System.Data.SqlClient;
public partial class scoreView : System.Web.UI.Page
{
    protected void Page_Load(object sender, EventArgs e)
    {
        if(!this.IsPostBack){
            if (Session["userCode"] ==null)
            {
                Response.Write("你没有权限访问该页面");
            }
            else
            {
                string sql="select a.sno sno,a.sname sname,b.cno cno,
                        b.cname cname,c.score score
                    from student a,course b,sc c where a.sno=c.sno and b.cno=
                        c.cno and
                    a.sno='"+Session["userCode"].ToString()+"'";
                string url=System.Configuration.ConfigurationManager.
                        AppSettings["connstr"];
                SqlConnection conn=new SqlConnection(url);
                SqlCommand cmd=new SqlCommand(sql, conn);
                SqlDataAdapter sda=new SqlDataAdapter (cmd);
                DataSet ds=new DataSet ();
```

```
            sda.Fill(ds);
            this.GridView1.DataSource=ds.Tables[0];
            this.GridView1.DataBind();
        }
    }
}
```

查看课程界面如图 9-4 所示。

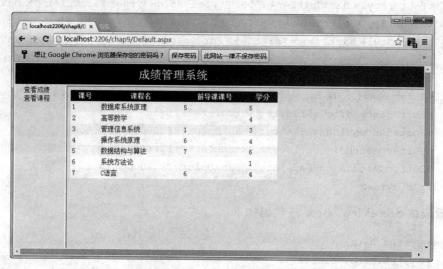

图 9-4　查看课程界面

查看课程 CourseView.aspx 代码如下：

```
<asp:GridView ID="GridView1" runat="server" AutoGenerateColumns="False"
    CellPadding="4" ForeColor="#333333" GridLines="None" Width="500px">
    <AlternatingRowStyle BackColor="White" />
    <Columns>
        <asp:BoundField DataField="cno" HeaderText="课号" />
        <asp:BoundField DataField="cname" HeaderText="课程名" />
        <asp:BoundField DataField="cpno" HeaderText="前导课课号?" />
        <asp:BoundField DataField="ccredit" HeaderText="学分" />
    </Columns>
    <FooterStyle BackColor="#990000" Font-Bold="True" ForeColor="White" />
    <HeaderStyle BackColor="#990000" Font-Bold="True" ForeColor="White" />
    <PagerStyle BackColor="#FFCC66" ForeColor="#333333" HorizontalAlign=
            "Center" />
    <RowStyle BackColor="#FFFBD6" ForeColor="#333333" />
    <SelectedRowStyle BackColor="#FFCC66" Font-Bold="True" ForeColor="Navy" />
    <SortedAscendingCellStyle BackColor="#FDF5AC" />
    <SortedAscendingHeaderStyle BackColor="#4D0000" />
    <SortedDescendingCellStyle BackColor="#FCF6C0" />
    <SortedDescendingHeaderStyle BackColor="#820000" />
```

```
</asp:GridView>
```

查看课程 CourseView.aspx.cs 代码如下：

```
using System.Data;
using System.Data.SqlClient;
public partial class CourseView : System.Web.UI.Page
{
    protected void Page_Load(object sender, EventArgs e)
    {
        if (!this.IsPostBack)
        {
            string sql="select * from course";
            string url=System.Configuration.ConfigurationManager.AppSettings
                        ["connstr"];
            SqlConnection conn=new SqlConnection(url);
            SqlCommand cmd=new SqlCommand(sql, conn);
            SqlDataAdapter sda=new SqlDataAdapter(cmd);
            DataSet ds=new DataSet();
            sda.Fill(ds);
            this.GridView1.DataSource=ds.Tables[0];
            this.GridView1.DataBind();
        }
    }
}
```

3．教师功能

成绩管理界面如图 9-5 所示。

图 9-5　成绩管理界面

成绩管理 ScoreManage.aspx 代码如下：

```
<asp:SqlDataSource ID="SqlDataSource1" runat="server"
    ConnectionString="Data Source=.;Initial Catalog=studentDb;Integrated
        Security=True"
    ProviderName="System.Data.SqlClient" SelectCommand="SELECT * FROM
        [course]">
</asp:SqlDataSource>
<asp:SqlDataSource ID="SqlDataSource2" runat="server"
    ConnectionString="Data Source=.;Initial Catalog=studentDb;Integrated
        Security=True"
    ProviderName="System.Data.SqlClient" SelectCommand="SELECT * FROM
        [student]">
</asp:SqlDataSource>
<br />
<asp:Label ID="Label1" runat="server" Text="学号"></asp:Label>
<asp:DropDownList ID="ddlSno" runat="server" DataSourceID="SqlDataSource2"
    DataTextField="sname" DataValueField="sno" Width="120px">
</asp:DropDownList>
<br />
<asp:Label ID="Label3" runat="server" Text="课号"></asp:Label>
<asp:DropDownList ID="ddlCno" runat="server" DataSourceID="SqlDataSource1"
    DataTextField="cname" DataValueField="cno" Width="120px">
</asp:DropDownList>
<br />
<asp:Label ID="Label2" runat="server" Text="成绩"></asp:Label>
<asp:TextBox ID="tbxScore" runat="server"></asp:TextBox>
<br />
<asp:Button ID="Button1" runat="server" onclick="Button1_Click" Text=
    "添加" />
   
<asp:Button ID="Button2" runat="server" onclick="Button2_Click" Text="修改" />
<br />
<asp:Label ID="lblMessage" runat="server" style="color:Red;"></asp:Label>
<br />
<asp:GridView ID="GridView1" runat="server" AutoGenerateColumns="False"
    CellPadding="4" DataKeyNames="sno,cno" ForeColor="#333333"
    GridLines="None" onrowdeleting="GridView1_RowDeleting"
    Width="700px" onselectedindexchanged="GridView1_SelectedIndexChanged">
    <AlternatingRowStyle BackColor="White" />
    <Columns>
        <asp:BoundField DataField="sno" HeaderText="学号" />
        <asp:BoundField DataField="sname" HeaderText="姓名" />
        <asp:BoundField DataField="cno" HeaderText="课号" />
        <asp:BoundField DataField="cname" HeaderText="课程名" />
        <asp:BoundField DataField="score" HeaderText="成绩" />
        <asp:CommandField ShowDeleteButton="True" />
```

```
            <asp:CommandField ShowSelectButton="True" />
        </Columns>
        <FooterStyle BackColor="#990000" Font-Bold="True" ForeColor="White" />
        <HeaderStyle BackColor="#990000" Font-Bold="True" ForeColor="White" />
        <PagerStyle BackColor="#FFCC66" ForeColor="#333333" HorizontalAlign=
                    "Center" />
        <RowStyle BackColor="#FFFBD6" ForeColor="#333333" />
        <SelectedRowStyle BackColor="#FFCC66" Font-Bold="True" ForeColor=
                    "Navy" />
        <SortedAscendingCellStyle BackColor="#FDF5AC" />
        <SortedAscendingHeaderStyle BackColor="#4D0000" />
        <SortedDescendingCellStyle BackColor="#FCF6C0" />
        <SortedDescendingHeaderStyle BackColor="#820000" />
    </asp:GridView>
```

成绩管理 ScoreManage.aspx.cs 代码如下:

```csharp
using System.Data;
using System.Data.SqlClient;
public partial class ScoreManage : System.Web.UI.Page
{
    protected void Page_Load(object sender, EventArgs e)
    {
        if (!this.IsPostBack)
        {
            this.BindGridViewData();
        }
    }
    protected void Button1_Click(object sender, EventArgs e)
    {
        string sno=this.ddlSno.SelectedValue;
        string cno=this.ddlCno.SelectedValue;
        string score=this.tbxScore.Text;
        string url=System.Configuration.ConfigurationManager.AppSettings
                    ["connstr"];
        SqlConnection conn=new SqlConnection(url);
        conn.Open();
            string sql="insert into sc values(@sno,@cno,@score)";
            SqlCommand cmd=new SqlCommand(sql, conn);
            SqlParameter param1=new SqlParameter("@sno", sno);
            SqlParameter param2=new SqlParameter("@cno", cno);
            SqlParameter param3=new SqlParameter("@score", score);
            cmd.Parameters.Add(param1);
            cmd.Parameters.Add(param2);
            cmd.Parameters.Add(param3);
            try
```

```csharp
            {
                cmd.ExecuteNonQuery();
            }
            catch (Exception excption)
            {
                if ("违反了 PRIMARY KEY 约束'PK_SC'不能在对象'dbo.SC'中插入重复键。
                    \r\n语句已终止" ==excption.Message)
                {
                    this.lblMessage.Text="该学号和课程号的成绩已经存在,不能再添加";
                    return;
                }
            }
            finally
            {
                conn.Close();
            }
            this.lblMessage.Text="添加成功";
            this.BindGridViewData();
    }
    private void BindGridViewData()
    {
        string sql="select a.sno sno,a.sname sname,b.cno cno,b.cname cname,
                    c.score score from
        student a,course b,sc c where a.sno=c.sno and b.cno=c.cno";
        string url=System.Configuration.ConfigurationManager.AppSettings
                  ["connstr"];
        SqlConnection conn=new SqlConnection(url);
        SqlCommand cmd=new SqlCommand(sql, conn);
        SqlDataAdapter sda=new SqlDataAdapter(cmd);
        DataSet ds=new DataSet();
        sda.Fill(ds);
        this.GridView1.DataSource=ds.Tables[0];
        this.GridView1.DataBind();
    }
    protected void GridView1_RowDeleting(object sender, GridViewDeleteEventArgs e)
    {
        string sno=this.GridView1.DataKeys[e.RowIndex][0].ToString();
        string cno=this.GridView1.DataKeys[e.RowIndex][1].ToString();
        string sql="delete from sc where sno='"+sno+"' and cno='"+cno+"'";
        string url=System.Configuration.ConfigurationManager.AppSettings
                  ["connstr"];
        SqlConnection conn=new SqlConnection(url);
        conn.Open();
        SqlCommand cmd=new SqlCommand(sql, conn);
        cmd.ExecuteNonQuery();
```

```csharp
            conn.Close();
        this.BindGridViewData();
    }
    protected void Button2_Click(object sender, EventArgs e)
    {
        string sno=this.ddlSno.SelectedValue;
        string cno=this.ddlCno.SelectedValue;
        string score=this.tbxScore.Text;
        string sql="update sc set score=@score where sno=@sno and cno=@cno";
        string url=System.Configuration.ConfigurationManager.AppSettings
               ["connstr"];
        SqlConnection conn=new SqlConnection(url);
        conn.Open();
        SqlCommand cmd=new SqlCommand(sql, conn);
        SqlParameter param1=new SqlParameter("@sno", sno);
        SqlParameter param2=new SqlParameter("@cno", cno);
        SqlParameter param3=new SqlParameter("@score", score);
        cmd.Parameters.Add(param1);
        cmd.Parameters.Add(param2);
        cmd.Parameters.Add(param3);
        cmd.ExecuteNonQuery();
        conn.Close();
        this.lblMessage.Text="修改成功";
        this.BindGridViewData();
    }
    protected void GridView1_SelectedIndexChanged(object sender, EventArgs e)
    {
        int index=this.GridView1.SelectedIndex;
        string sno=this.GridView1.Rows[index].Cells[0].Text;
        string cno=this.GridView1.Rows[index].Cells[2].Text;
        string score=this.GridView1.Rows[index].Cells[4].Text;
        foreach (ListItem item in this.ddlSno.Items)
        {
            if (item.Value ==sno)
            {
                this.ddlSno.SelectedIndex=this.ddlSno.Items.IndexOf(item);
            }
        }

        foreach (ListItem item in this.ddlCno.Items)
        {
            if (item.Value ==cno)
            {
                this.ddlCno.SelectedIndex=this.ddlCno.Items.IndexOf(item);
            }
```

```
            }
            this.tbxScore.Text=score;
        }
    }
```

查看学生界面如图 9-6 所示。

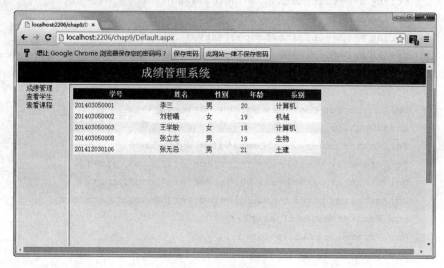

图 9-6 查看学生界面

查看学生 StudentView.aspx 代码如下：

```
<asp:GridView ID="GridView1" runat="server" AutoGenerateColumns="False"
    CellPadding="4" ForeColor="#333333" GridLines="None" Width="600px">
    <AlternatingRowStyle BackColor="White" />
    <Columns>
        <asp:BoundField DataField="sno" HeaderText="学号" />
        <asp:BoundField DataField="sname" HeaderText="姓名" />
        <asp:BoundField DataField="ssex" HeaderText="性别" />
        <asp:BoundField DataField="sage" HeaderText="年龄" />
        <asp:BoundField DataField="sdept" HeaderText="系别" />
    </Columns>
    <FooterStyle BackColor="#990000" Font-Bold="True" ForeColor="White" />
    <HeaderStyle BackColor="#990000" Font-Bold="True" ForeColor="White" />
    <PagerStyle BackColor="#FFCC66" ForeColor="#333333" HorizontalAlign=
                "Center" />
    <RowStyle BackColor="#FFFBD6" ForeColor="#333333" />
    <SelectedRowStyle BackColor="#FFCC66" Font-Bold="True" ForeColor="Navy" />
    <SortedAscendingCellStyle BackColor="#FDF5AC" />
    <SortedAscendingHeaderStyle BackColor="#4D0000" />
    <SortedDescendingCellStyle BackColor="#FCF6C0" />
    <SortedDescendingHeaderStyle BackColor="#820000" />
</asp:GridView>
```

```
using System.Data;
using System.Data.SqlClient;
public partial class StudentView : System.Web.UI.Page
{
    protected void Page_Load(object sender, EventArgs e)
    {
        if (!this.IsPostBack)
        {
            string sql="select * from student";
            string url=System.Configuration.ConfigurationManager.AppSettings
                       ["connstr"];
            SqlConnection conn=new SqlConnection(url);
            SqlCommand cmd=new SqlCommand(sql, conn);
            SqlDataAdapter sda=new SqlDataAdapter(cmd);
            DataSet ds=new DataSet();
            sda.Fill(ds);
            this.GridView1.DataSource=ds.Tables[0];
            this.GridView1.DataBind();
        }
    }
}
```

4. 管理员功能

学生管理界面如图 9-7 所示。

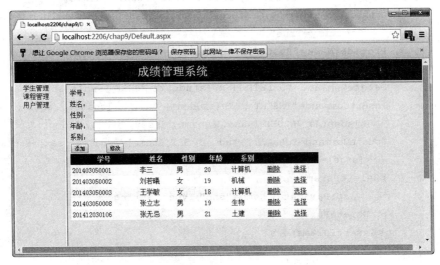

图 9-7 学生管理界面

学生管理 StudentManage.aspx 代码如下：

```
<asp:Panel ID="Panel1" runat="server">
    <asp:Label ID="Label1" runat="server" Text="学号"></asp:Label>
    <asp:TextBox ID="tbxSno" runat="server"></asp:TextBox>
```

```
        <br />
        <asp:Label ID="Label2" runat="server" Text="姓名"></asp:Label>
        <asp:TextBox ID="tbxSname" runat="server"></asp:TextBox>
        <br />
        <asp:Label ID="Label3" runat="server" Text="性别"></asp:Label>
        <asp:TextBox ID="tbxSsex" runat="server"></asp:TextBox>
        <br />
        <asp:Label ID="Label4" runat="server" Text="年龄"></asp:Label>
        <asp:TextBox ID="tbxSage" runat="server"></asp:TextBox>
        <br />
        <asp:Label ID="Label5" runat="server" Text="系别"></asp:Label>
        <asp:TextBox ID="tbxSdept" runat="server"></asp:TextBox>
        <br />
        <asp:Button ID="Button1" runat="server" Text="添加" onclick=
                "Button1_Click" />
           
        <asp:Button ID="Button2" runat="server" Text="修改" onclick=
                "Button2_Click" />
        <br />
        <asp:Label ID="lblMessage" runat="server" style="color:Red;"></asp:Label>
</asp:Panel>
<asp:Panel ID="Panel2" runat="server">
    <asp:Panel ID="Panel3" runat="server">
        <asp:SqlDataSource ID="SqlDataSource1" runat="server"
            ConnectionString="Data Source=.;Initial Catalog=studentDb;Integrated
                Security=True"
            ProviderName="System.Data.SqlClient"
            SelectCommand="SELECT * FROM [student]"
            DeleteCommand="DELETE FROM [student] WHERE [sno]=@sno"
            InsertCommand="INSERT INTO [student] ([sno], [sname], [ssex], [sage],
                [sdept]) VALUES (@sno, @sname, @ssex, @sage, @sdept)"
            UpdateCommand="UPDATE [student] SET[sname]=@sname,[ssex]=@ssex,
                [sage]=@sage, [sdept]=@sdept WHERE [sno]=@sno">
            <DeleteParameters>
                <asp:Parameter Name="sno" Type="String" />
            </DeleteParameters>
            <InsertParameters>
                <asp:Parameter Name="sno" Type="String" />
                <asp:Parameter Name="sname" Type="String" />
                <asp:Parameter Name="ssex" Type="String" />
                <asp:Parameter Name="sage" Type="Int32" />
                <asp:Parameter Name="sdept" Type="String" />
            </InsertParameters>
            <UpdateParameters>
                <asp:Parameter Name="sname" Type="String" />
```

```
            <asp:Parameter Name="ssex" Type="String" />
            <asp:Parameter Name="sage" Type="Int32" />
            <asp:Parameter Name="sdept" Type="String" />
            <asp:Parameter Name="sno" Type="String" />
        </UpdateParameters>
    </asp:SqlDataSource>
    <asp:GridView ID="GridView1" runat="server" AutoGenerateColumns=
            "False"
        CellPadding="4" DataSourceID="SqlDataSource1" ForeColor="#333333"
        GridLines="None" onselectedindexchanged="GridView1_
            SelectedIndexChanged"
        Width="600px" DataKeyNames="sno">
        <AlternatingRowStyle BackColor="White" />
        <Columns>
            <asp:BoundField DataField="sno" HeaderText="学号"
             SortExpression="sno" />
            <asp:BoundField DataField="sname" HeaderText="姓名"
             SortExpression="sname" />
            <asp:BoundField DataField="ssex" HeaderText="性别"
             SortExpression="ssex" />
            <asp:BoundField DataField="sage" HeaderText="年龄"
             SortExpression="sage" />
            <asp:BoundField DataField="sdept" HeaderText="系别"
             SortExpression="sdept" />
            <asp:CommandField ShowDeleteButton="True" />
            <asp:CommandField ShowSelectButton="True" />
        </Columns>
        <FooterStyle BackColor="#990000" Font-Bold="True" ForeColor=
                "White" />
        <HeaderStyle BackColor="#990000" Font-Bold="True" ForeColor=
                "White" />
        <PagerStyle BackColor="#FFCC66" ForeColor="#333333"
            HorizontalAlign="Center" />
        <RowStyle BackColor="#FFFBD6" ForeColor="#333333" />
        <SelectedRowStyle BackColor="#FFCC66" Font-Bold="True" ForeColor=
            "Navy" />
        <SortedAscendingCellStyle BackColor="#FDF5AC" />
        <SortedAscendingHeaderStyle BackColor="#4D0000" />
        <SortedDescendingCellStyle BackColor="#FCF6C0" />
        <SortedDescendingHeaderStyle BackColor="#820000" />
    </asp:GridView>
    </asp:Panel>
</asp:Panel>

using System.Data;
```

```csharp
using System.Data.SqlClient;
public partial class StudentManage : System.Web.UI.Page
{
    protected void Button1_Click(object sender, EventArgs e)
    {
        string sno=this.tbxSno.Text;
        string sname=this.tbxSname.Text;
        string ssex=this.tbxSsex.Text;
        string sage=this.tbxSage.Text;
        string sdept=this.tbxSdept.Text;
        string url=System.Configuration.ConfigurationManager.AppSettings
                ["connstr"];
        SqlConnection conn=new SqlConnection(url);
        conn.Open();
        string sql="insert into student values(@sno,@sname,@ssex,@sage,@sdept)";
        SqlCommand cmd=new SqlCommand(sql, conn);
        SqlParameter param1=new SqlParameter("@sno", sno);
        SqlParameter param2=new SqlParameter("@sname", sname);
        SqlParameter param3=new SqlParameter("@ssex", ssex);
        SqlParameter param4=new SqlParameter("@sage", sage);
        SqlParameter param5=new SqlParameter("@sdept", sdept);
        cmd.Parameters.Add(param1);
        cmd.Parameters.Add(param2);
        cmd.Parameters.Add(param3);
        cmd.Parameters.Add(param4);
        cmd.Parameters.Add(param5);
        try
        {
            cmd.ExecuteNonQuery();
        }
        catch (Exception excption)
        {
            if ("违反了 PRIMARY KEY 约束 'PK_student'。不能在对象'dbo.student'中插
                入重复键。\r\n 语句已终止" ==excption.Message)
            {
                this.lblMessage.Text="该学号已经存在,不能再添加";
                return;
            }
        }
        finally
        {
            conn.Close();
        }
        this.lblMessage.Text="添加成功";
        this.GridView1.DataBind();
```

```csharp
    }
    protected void GridView1_SelectedIndexChanged(object sender, EventArgs e)
    {
        int index=this.GridView1.SelectedIndex;
        string sno=this.GridView1.Rows[index].Cells[0].Text;
        string sname=this.GridView1.Rows[index].Cells[1].Text;
        if (sname ==" ")
        {
            sname="";
        }
        string ssex=this.GridView1.Rows[index].Cells[2].Text;
        if (ssex ==" ")
        {
            ssex="";
        }
        string sage=this.GridView1.Rows[index].Cells[3].Text;
        string sdept=this.GridView1.Rows[index].Cells[4].Text;
        if (sdept ==" ")
        {
            sdept="";
        }
        this.tbxSno.Text=sno.Trim();
        this.tbxSname.Text=sname.Trim();
        this.tbxSsex.Text=ssex.Trim();
        this.tbxSage.Text=sage.Trim();
        this.tbxSdept.Text=sdept.Trim();
    }
    protected void Button2_Click(object sender, EventArgs e)
    {
        string sno=this.tbxSno.Text;
        string sname=this.tbxSname.Text;
        string ssex=this.tbxSsex.Text;
        string sage=this.tbxSage.Text;
        string sdept=this.tbxSdept.Text;
        string url=System.Configuration.ConfigurationManager.AppSettings
                ["connstr"];
        SqlConnection conn=new SqlConnection(url);
        conn.Open();
        string sql="update student set sname=@sname,ssex=@ssex,sage=@sage,
                sdept=@sdept
        where sno =@sno";
        SqlCommand cmd=new SqlCommand(sql, conn);
        SqlParameter param1=new SqlParameter("@sno", sno);
        SqlParameter param2=new SqlParameter("@sname", sname);
        SqlParameter param3=new SqlParameter("@ssex", ssex);
```

```
            SqlParameter param4=new SqlParameter("@sage", sage);
            SqlParameter param5=new SqlParameter("@sdept", sdept);
            cmd.Parameters.Add(param1);
            cmd.Parameters.Add(param2);
            cmd.Parameters.Add(param3);
            cmd.Parameters.Add(param4);
            cmd.Parameters.Add(param5);
            cmd.ExecuteNonQuery();
            conn.Close();
            this.lblMessage.Text="修改成功";
            this.GridView1.DataBind();
        }
    }
```

课程管理界面如图 9-8 所示。

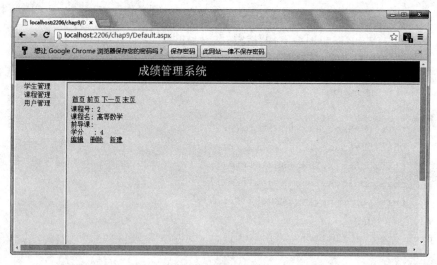

图 9-8 课程管理界面

课程管理 CourseManage.aspx 代码如下:

```
<asp:GridView ID="GridView1" runat="server" AutoGenerateColumns="False"
    CellPadding="4" ForeColor="#333333" GridLines="None" Width="500px">
    <AlternatingRowStyle BackColor="White" />
    <Columns>
        <asp:BoundField DataField="cno" HeaderText="课号" />
        <asp:BoundField DataField="cname" HeaderText="课程名" />
        <asp:BoundField DataField="cpno" HeaderText="前导课课号" />
        <asp:BoundField DataField="ccredit" HeaderText="学分" />
    </Columns>
    <FooterStyle BackColor="#990000" Font-Bold="True" ForeColor="White" />
    <HeaderStyle BackColor="#990000" Font-Bold="True" ForeColor="White" />
    <PagerStyle BackColor="#FFCC66" ForeColor="#333333" HorizontalAlign=
        "Center" />
```

```
            <RowStyle BackColor="#FFFBD6" ForeColor="#333333" />
            <SelectedRowStyle BackColor="#FFCC66" Font-Bold="True" ForeColor="Navy" />
            <SortedAscendingCellStyle BackColor="#FDF5AC" />
            <SortedAscendingHeaderStyle BackColor="#4D0000" />
            <SortedDescendingCellStyle BackColor="#FCF6C0" />
            <SortedDescendingHeaderStyle BackColor="#820000" />
        </asp:GridView>
```

用户管理界面如图 9-9 所示。

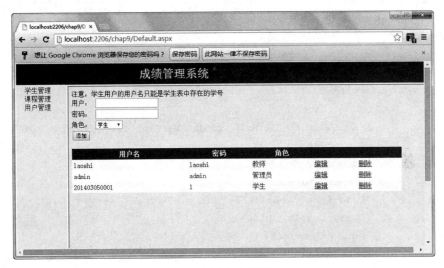

图 9-9　用户管理界面

用户管理 UserManage.aspx 代码如下：

```
<asp:Label ID="Label4" runat="server"
    Text="注意：学生用户的用户名只能是学生表中存在的学号">
</asp:Label>
<br />
<asp:Label ID="Label1" runat="server" Text="用户名："></asp:Label>
<asp:TextBox ID="tbxUserCode" runat="server"></asp:TextBox>
<br />
<asp:Label ID="Label2" runat="server" Text="密码："></asp:Label>
<asp:TextBox ID="tbxPassword" runat="server" TextMode="Password"></asp:TextBox>
<br />
<asp:Label ID="Label3" runat="server" Text="角色："></asp:Label>
<asp:DropDownList ID="ddlRoleAdd" runat="server">
    <asp:ListItem Value="1">学生</asp:ListItem>
    <asp:ListItem Value="2">老师</asp:ListItem>
    <asp:ListItem Value="3">管理员</asp:ListItem>
</asp:DropDownList>
<br />
<asp:Button ID="Button1" runat="server" onclick="Button1_Click" Text="添加" />
<br />
```

```
<asp:Label ID="lblMessage" runat="server"></asp:Label>
<br />
<asp:GridView ID="GridView1" runat="server" AllowPaging="True"
    AllowSorting="True" AutoGenerateColumns="False" CellPadding="4"
    ForeColor="#333333" GridLines="None" Width="800px"
    onrowdatabound="GridView1_RowDataBound"
    DataKeyNames="id" onrowcancelingedit="GridView1_RowCancelingEdit"
    onrowdeleting="GridView1_RowDeleting" onrowediting="GridView1_RowEditing"
    onrowupdating="GridView1_RowUpdating">
    <AlternatingRowStyle BackColor="White" />
    <Columns>
        <asp:BoundField DataField="userCode" HeaderText="用户名" />
        <asp:BoundField DataField="password" HeaderText="密码" />
        <asp:TemplateField HeaderText="角色">
            <ItemTemplate>
                <asp:Label ID="lblRole" runat="server" Text='<%#Eval("role")%>'>
                </asp:Label>
            </ItemTemplate>
            <EditItemTemplate>
                <asp:DropDownList ID="ddlRole" runat="server" Width="151px">
                </asp:DropDownList>
            </EditItemTemplate>
        </asp:TemplateField>
        <asp:CommandField ShowEditButton="True" />
        <asp:CommandField ShowDeleteButton="True" />
    </Columns>
    <FooterStyle BackColor="#990000" Font-Bold="True" ForeColor="White" />
    <HeaderStyle BackColor="#990000" Font-Bold="True" ForeColor="White" />
    <PagerStyle BackColor="#FFCC66" ForeColor="#333333" HorizontalAlign=
        "Center" />
    <RowStyle BackColor="#FFFBD6" ForeColor="#333333" />
    <SelectedRowStyle BackColor="#FFCC66" Font-Bold="True" ForeColor="Navy" />
    <SortedAscendingCellStyle BackColor="#FDF5AC" />
    <SortedAscendingHeaderStyle BackColor="#4D0000" />
    <SortedDescendingCellStyle BackColor="#FCF6C0" />
    <SortedDescendingHeaderStyle BackColor="#820000" />
</asp:GridView>

using System.Data;
using System.Data.SqlClient;
public partial class UserManage : System.Web.UI.Page
{
    protected void Page_Load(object sender, EventArgs e)
    {
        if (!this.IsPostBack)
```

```csharp
            {
                this.BindGridView();
            }

        }
        protected void GridView1_RowDataBound(object sender, GridViewRowEventArgs e)
        {
            if (e.Row.RowType ==DataControlRowType.DataRow){
                if (e.Row.RowState ==DataControlRowState.Normal
                        || e.Row.RowState ==DataControlRowState.Alternate)
                {
                    Label lblRole=e.Row.FindControl("lblRole") as Label;
                    if (lblRole !=null)
                    {
                        if (lblRole.Text =="1")
                        {
                            lblRole.Text="学生";
                        }
                        else if (lblRole.Text =="2")
                        {
                            lblRole.Text="教师";
                        }
                        else if (lblRole.Text =="3")
                        {
                            lblRole.Text="管理员";
                        }
                    }
                }
                if ((e.Row.RowState & DataControlRowState.Edit)==
                    DataControlRowState.Edit)
                {
                    DropDownList ddlRole=e.Row.FindControl("ddlRole") as
                                DropDownList;
                    if (ddlRole !=null)
                    {
                        ListItem item1=new ListItem();
                        item1.Value="1";
                        item1.Text="学生";
                        ddlRole.Items.Add(item1);
                        ListItem item2=new ListItem();
                        item2.Value="2";
                        item2.Text="教师";
                        ddlRole.Items.Add(item2);
                        ListItem item3=new ListItem();
                        item3.Value="3";
```

```csharp
                        item3.Text="管理员";
                        ddlRole.Items.Add(item3);
                    }
                }
            }
        }
        protected void GridView1_RowEditing(object sender, GridViewEditEventArgs e)
        {
            this.GridView1.EditIndex=e.NewEditIndex;
            this.BindGridView();
        }
        protected void GridView1_RowUpdating(object sender, GridViewUpdateEventArgs e)
        {
            int index=e.RowIndex;
            string role=((DropDownList)this.GridView1.Rows[index].FindControl
                ("ddlRole")).SelectedValue;
            string userCode=((TextBox)this.GridView1.Rows[index].Cells[0].
                Controls[0]).Text;
            string password=((TextBox)this.GridView1.Rows[index].Cells[1].
                Controls[0]).Text;
            string id=this.GridView1.DataKeys[index][0].ToString();
            string sql="update [user] set userCode=@userCode,password=@password,
                role=@role where id=@id";
            string url=System.Configuration.ConfigurationManager.AppSettings
                ["connstr"];
            SqlConnection conn=new SqlConnection(url);
            conn.Open();
            SqlCommand cmd=new SqlCommand(sql, conn);
            SqlParameter param1=new SqlParameter("@userCode", userCode);
            SqlParameter param2=new SqlParameter("@password", password);
            SqlParameter param3=new SqlParameter("@role", role);
            SqlParameter param4=new SqlParameter("@id", id);
            cmd.Parameters.Add(param1);
            cmd.Parameters.Add(param2);
            cmd.Parameters.Add(param3);
            cmd.Parameters.Add(param4);
            cmd.ExecuteNonQuery();
            conn.Close();
            this.GridView1.EditIndex=-1;
            this.BindGridView();
        }
        protected void GridView1_RowCancelingEdit(object sender,
            GridViewCancelEditEventArgs e)
        {
            this.GridView1.EditIndex=-1;
```

```csharp
            this.BindGridView();
    }
    private void BindGridView()
    {
        string sql="select * from [user]";
        string url=System.Configuration.ConfigurationManager.AppSettings
            ["connstr"];
        SqlConnection conn=new SqlConnection(url);
        conn.Open();
        SqlCommand cmd=new SqlCommand(sql, conn);
        SqlDataAdapter sda=new SqlDataAdapter(cmd);
        DataSet ds=new DataSet();
        sda.Fill(ds);
        this.GridView1.DataSource=ds.Tables[0];
        this.GridView1.DataBind();
        conn.Close();
    }
    protected void Button1_Click(object sender, EventArgs e)
    {
        string role=this.ddlRoleAdd.SelectedValue;
        string userCode=this.tbxUserCode.Text;
        string password=this.tbxPassword.Text;
        string sql="insert into [user] values(@userCode,@password,@role)";
        string url=System.Configuration.ConfigurationManager.AppSettings
            ["connstr"];
        SqlConnection conn=new SqlConnection(url);
        conn.Open();
        SqlCommand cmd=new SqlCommand(sql, conn);
        SqlParameter param1=new SqlParameter("@userCode", userCode);
        SqlParameter param2=new SqlParameter("@password", password);
        SqlParameter param3=new SqlParameter("@role", role);
        cmd.Parameters.Add(param1);
        cmd.Parameters.Add(param2);
        cmd.Parameters.Add(param3);
        cmd.ExecuteNonQuery();
        conn.Close();
        this.BindGridView();
    }
    protected void GridView1_RowDeleting(object sender, GridViewDeleteEventArgs e)
    {
        int index=e.RowIndex;
        string id=this.GridView1.DataKeys[index][0].ToString();
        string sql="delete from [user] where id=@id";
        string url=System.Configuration.ConfigurationManager.AppSettings
            ["connstr"];
```

```
        SqlConnection conn=new SqlConnection(url);
        conn.Open();
        SqlCommand cmd=new SqlCommand(sql, conn);
        SqlParameter param=new SqlParameter("@id", id);
        cmd.Parameters.Add(param);
        cmd.ExecuteNonQuery();
        conn.Close();
        this.BindGridView();
    }
}
```

四、项目小结

本项目展示了项目开发全过程,在学完本项目后,学生遇到实际问题,就知道该如何进行开发,而不会再出现不知道从哪里下手这样的问题。

参 考 文 献

[1] 张联锋,陈文臣.ASP.NET 3.5程序设计与项目实践[M].北京:电子工业出版社,2011.
[2] 崔淼.ASP.NET程序设计教程(C#版)[M].北京:机械工业出版社,2011.
[3] 张昌龙,辛永平.ASP.NET 4.0从入门到精通[M].北京:机械工业出版社,2011.
[4] 张跃廷,等.ASP.NET程序开发范例宝典[M].北京:人民邮电出版社,2007.
[5] 刘云峰,房大伟.ASP.NET编程之道[M].北京:人民邮电出版社,2011.
[6] 蔡继文.21天学通 ASP.NET[M].北京:电子工业出版社,2009.
[7] 邵良彬,刘好增.ASP.NET 3.5(C#)实用教程[M].北京:清华大学出版社,2009.
[8] 王小科,赵会东.ASP.NET程序开发范例宝典(C#)[M].北京:人民邮电出版社,2012.
[9] 杨桦,文东.ASP.NET程序设计基础与项目实训[M].北京:科学出版社,2011.
[10] 明日科技.ASP.NET从入门到精通[M].北京:清华大学出版社,2012.
[11] MITCHELL S.ASP.NET 4入门经典[M].北京:人民邮电出版社,2011.
[12] 徐大伟,杨丽萍,焦学理.ASP.NET 4应用开发案例教程[M].北京:清华大学出版社,2012.
[13] 魏菊霞,李志忠,谢云,等.ASP.NET实践教程[M].北京:清华大学出版社,2010.
[14] 潘非,文星,汤海蓉.ASP.NET网站开发实例教程[M].北京:清华大学出版社,2010.